国家级职业教育规划教材

人力资源和社会保障部职业能力建设司推荐

QUANGUO ZHONGDENG ZHIYE JISHU XUEXIAO JIANZHULEI ZHUANYE JIAOCAI

全国中等职业技术学校建筑类专业教材

建筑装饰工程计量与计价

人力资源和社会保障部教材办公室组织编写

车谦磊 主 编

郭翠花 副主编

颜立新 主 审

中国劳动社会保障出版社

简介

本教材共六章。主要内容包括建筑装饰工程计价依据的含义、种类；建筑装饰工程传统的计价方法，即定额计价方法，各分部分项工程量的计算方法及定额套用；建筑装饰工程清单计价方法，各分部分项工程量清单的编制与报价；计价软件在工程造价中的应用。每节配有思考与练习，帮助学生巩固所学内容。

本教材由车谦磊主编，郭翠花副主编，周蓉、车谦刚、于玻、马丽、吴卫、邹静参加编写。颜立新审稿。

图书在版编目(CIP)数据

建筑装饰工程计量与计价/车谦磊主编. —北京：中国劳动社会保障出版社，2015
全国中等职业技术学校建筑类专业教材
ISBN 978-7-5167-1615-1

Ⅰ.①建… Ⅱ.①车… Ⅲ.①建筑装饰-工程造价-中等专业学校-教材 Ⅳ.①TU723.3

中国版本图书馆 CIP 数据核字(2015)第 055916 号

中国劳动社会保障出版社出版发行

（北京市惠新东街 1 号 邮政编码：100029）

*

保定市中画美凯印刷有限公司印刷装订 新华书店经销

787 毫米×1092 毫米 16 开本 12.25 印张 211 千字

2015 年 3 月第 1 版 2023 年 12 月第 6 次印刷

定价：22.00 元

营销中心电话：400-606-6496

出版社网址：http://www.class.com.cn

http://jg.class.com.cn

出版说明

本套教材共计 27 种，分为“建筑施工”“建筑设备安装”和“建筑装饰”三个专业方向。教材的编审人员由教学经验丰富、实践能力强的一线骨干教师和来自企业的专家组成，在对当前建筑行业技能型人才需求及学校教学实际调研和分析的基础上，进一步完善了教材体系，更新了教材内容，调整了表现形式，丰富了配套资源。

教材体系 补充开发了《建筑装饰工程计量与计价》《建筑装饰材料》《建筑装饰设备安装》等教材；将《建筑施工工艺》与《建筑施工工艺操作技能手册》合并为《建筑施工工艺与技能训练》。调整后，教材体系更加合理和完善，更加贴近岗位与教学实际。

教材内容 根据建筑行业的发展和最新行业标准，更新了教材内容。按照目前行业通行做法，将“建筑预算与管理”的内容更新为“建筑工程计量与计价”；为重点培养学生快速表现技法能力，将“建筑装饰效果图表现技法”的内容更新为“室内设计手绘快速表现”；《室内效果图电脑制作（第二版）》，以 3DS MAX 10.0 版本作为教学软件载体；新材料、新设备在相关教材中也得到了体现。

表现形式 根据教学需要增加了大量来源于生产、生活实际的案例、实例、例题以及练习题，引导学生运用所学知识分析和解决实际问题；加强了图片、表格的运用，营造出更加直观的认知环境；设置了“想一想”“知识拓展”等栏目，引导学生自主学习。

配套资源 同步修订了配套习题册；补充开发了与教材配套的电子课件，可登录 www.class.com.cn 在相应的书目下载。

目　录

第一章　工程造价计价依据……1

第一节　计价依据概述……1

第二节　建筑装饰工程预算定额……6

第二章　定额计价模式……17

第一节　建筑工程费用项目组成……17

第二节　装饰工程费用计算程序……22

第三节　定额计价方法……26

第三章　工程量计算及定额应用……32

第一节　建筑面积计算规则……32

第二节　楼地面工程量计算及定额应用……49

第三节　墙柱面工程量计算及定额应用……55

第四节　天棚工程量计算及定额应用……65

第五节　门窗工程量计算及定额应用……70

第六节　油漆涂料裱糊工程量计算及定额应用……76

第七节　配套装饰项目工程量计算及定额应用……85

第八节　措施项目工程量计算及定额应用……90

第四章　工程量清单计价模式……94

第一节　建筑工程工程量清单计价规范……94

第二节　工程量清单编制……97

第三节　工程量清单报价……101

第五章　工程量清单应用……106
第一节　楼地面工程项目清单编制与报价……106
第二节　墙柱面工程项目清单编制与报价……114
第三节　天棚工程项目清单编制与报价……127
第四节　门窗工程项目清单编制与报价……134
第五节　油漆涂料裱糊工程项目清单编制与报价……143
第六节　措施项目清单编制与报价……151
第七节　分部分项工程项目清单编制实例……156

第六章　工程造价软件应用……161
第一节　工程计量软件应用……161
第二节　工程计价软件应用……165

附表……178

第一章　工程造价计价依据

第一节　计价依据概述

学习目标

1. 了解计量与计价的含义。
2. 熟悉计价依据的概念。
3. 掌握计价依据的种类。

一、计量与计价的含义

建筑装饰工程计量与计价，实际上包括“计量”与“计价”两个方面的内容，“计量”是指计算工程量和计算人工、材料、机械台班的数量；“计价”是指定额计价和工程量清单计价，也包含人工、材料、机械台班的计价。

在装饰工程施工图设计完成及施工方案确定后，造价人员就可以根据施工图样和施工方案等计算出装饰工程的地面、墙面、顶棚等分部分项工程的工程量，然后套用现行的建筑装饰工程预算定额（或消耗量定额），并根据当时当地的人工单价、材料单价、机械台班单价、费用定额和取费规定，进行计算和编制装饰工程的造价文件，这个过程也称为建筑装饰工程施工图预算。

通过施工图预算所形成的建筑装饰工程造价，不能超过设计概算的造价。设计概算是指在初步设计或扩大初步设计阶段，由设计单位根据初步设计图样、概算定额或概算指标、设备预算价格，各项费用定额或取费标准，建设地区的自然、技术经济条件等资料，预先计算建设项目由筹建到竣工验收直至交付使用全部建设费用的经济文件。

二、计价依据的概念

工程造价计价依据是据以计算造价的各类基础资料的总称，建筑装饰工程计价依据非常广泛，而最基本的计价依据当属工程建设定额。定额实际上就是一种规定的额度或数量标准。工程建设定额是完成某一分项工程或结构构件的生产，必须消耗的人力、物力和财力的数量标准，定额是企业科学管理的产物，工程定额反映了在一定社会生产力水平的条件下，建设工程施工的管理和技术水平。

不同建设阶段的计价依据不完全相同，不同形式的承发包方式的计价依据也有差别。下面用两个案例来说明在设计和施工阶段所做的概预算文件及其相应的计价依据。

【案例 1—1—1】××市××区政府办公楼工程，通过招标方式确定××市第一建筑设计院为本工程设计单位，按我国现行设计程序，设计院采用三阶段设计，即初步设计阶段、技术设计阶段和施工图设计阶段。

1. 在初步设计完成后，需要编制设计概算文件，由设计单位的工程造价人员根据初步设计图样，概算定额或概算指标，各项费用定额或取费标准等计价依据，预先计算政府办公楼由筹建到竣工验收直至交付使用的全部建设费用。

2. 在技术设计阶段，随着设计内容的具体化，建设规模、结构性质、设备类型和数量等方面与初步设计可能有所变化。设计单位应对投资进行具体核算，对初步设计的概算进行修正。由此而形成的经济文件称为修正概算。

3. 在施工图设计完成后，工程开工前，根据已批准的施工图样，现行的预算定额、费用定额和地区人工、材料、设备与机械台班等资源价格，施工方案或施工组织设计等计价依据，按照规定的计算程序计算直接工程费、措施费，并计取间接费、利润、税金等费用，确定单位工程造价的技术经济文件称为施工图预算。

【案例 1—1—2】××装饰工程公司，承接政府大楼的装饰工程施工任务，在施工阶段，为了编制施工作业计划，签发施工任务单，公司要求造价部门编制施工预算，即在施工图预算的控制下根据施工图计算的分项工程量、企业定额、单位工程施工组织设计等计价依据，通过工料分析，计算和确定政府办公楼装饰工程所需的人工、材料、机械台班消耗量及其相应费用的技术经济文件。

从上述案例中可以看出，不同建设阶段需要编制的经济文件不尽相同，采用的计价依据也不同，设计和施工阶段采用的主要计价依据见表 1—1—1。

表 1—1—1 计价依据

经济文件名称	主要计价依据
设计概算	概算定额或概算指标
施工图预算	预算定额
施工预算	企业定额

同时，在编制预算造价文件时，由于发包方式不同，采用的计价依据也不相同，不同发包方式所采用的计价依据见表 1—1—2。

表 1—1—2 不同发包方式所采用的计价依据

发包形式	计价依据
直接发包	预算定额
招标方式发包	建设工程工程量清单计价规范

三、计价依据的种类

计价依据的种类很多，在确定预算造价时使用的主要依据如下：

1. 经过批准和会审的全部施工图设计文件

在编制施工图预算或清单报价之前，施工图样必须经过建设主管机关批准，同时还要经过图样会审，并签署“图样会审纪要”；审批和会审后的施工图样及技术资料表明了工程的具体内容、各部分的做法、尺寸、技术特征等，它是计算工程量的主要依据。例如装饰平面图、立面图、剖面图和详图等。

2. 经过批准的工程设计概算文件

设计单位编制的设计概算文件经过主管部门批准后，是国家控制工程投资最高限额和单位工程预算的主要依据。施工图预算所确定的投资总额不应超过设计概算。例如：某工程设计概算为 8 000 万元，其中装饰工程概算为 320 万元，那么，装饰工程施工图预算不能超过 320 万元，此即通常所说的设计概算对施工图预算起控制作用。

3. 经过批准的施工组织设计

施工组织设计是确定单位工程的施工方法、施工进度计划、施工现场平面布置和主要技术措施等内容的文件。拟建工程施工组织设计经有关部门批准后，就成为指导施工活动的重要技术经济文件，确定的施工方案和相应的技术组织措施就成为造价部门必须具备的依据之一，是计算分项工程量，选套预算单价和计取有关费用的重要依据。例如：施工组织设计中的脚手架搭设方案就是计算脚手架措施费用的主要依据之一。

4. 建筑工程消耗量定额及计价规范

国家和地方颁发的现行建筑工程消耗量定额及计价规范，都详细地规定了分项工程项目划分、分项工程内容、工程量计算规则和定额项目使用说明等内容。因此，它是编制施工图预算和招标控制价的主要依据。

5. 价目表

价目表是确定分项工程费用的重要文件，与消耗量定额配套使用，表现各分项工程所消耗的人工费、材料费和机械台班使用费。是编制建筑装饰工程招标控制价的主要依据，是计取各项费用的基础和换算定额单价的主要依据。例如：消耗量定额中仅列出人工、材料、机械台班的消耗量，在确定人工费、材料费、机械费时，就需要查价目表。

6. 人工工资单价、材料价格、施工机械台班单价

这些资料是计算人工费、材料费、机械台班使用费的主要依据，是编制工程综合单价的基础，是计取各项目费用的重要依据，也是调整价差的依据。由各地区造价管理部门定期发布，例如：预算期为2013年5月，则人工、材料、机械单价应执行当地第二季度的人工、材料、机械单价。

7. 建筑工程费用定额

建筑工程费用定额规定了建筑装饰工程费用中的间接费用、利润和税金的取费标准和取费方法，是计算其他各种费用的主要依据。工程费用随地区不同取费标准也不同。按照国家规定，各地区均制定了建筑工程费用定额，规定了各项费用取费标准。例如：××省颁发的《××省建设工程费用项目组成及计算规则》，就属于费用定额，它列出了措施费率、利润率、税率等费用指标。

8. 造价工作手册

造价工作手册是工程造价人员必备的参考书。主要包括各种常用数据和计算公式、各种标准构件的工程量和材料量、金属材料规格和计量单位之间的换算等参考资料。它能为准确、快速地编制施工图预算和清单报价提供方便。例如：按标准图制作的门窗的面积就可直接在手册中获得。

9. 工程承发包合同文件

施工企业和建设单位签订的工程承发包合同文件中的若干条款，如工程承包形式、材料设备供应方式、材料供应价格、工程款结算方式、费率系数或包干系数等，在编制施工图预算和清单报价时必须充分考虑，认真执行。例如：若合同规定主要材料由甲方（发包方）供应，那么，预算时应考虑计取材料在工地的保管费用。

预算造价文件所采用的主要计价依据见表 1—1—3。

表 1—1—3 **装饰工程预算的主要计价依据**

计价依据	内容	对编制预算的作用
施工图样	表达各部分做法、尺寸、技术特征	查找长、宽、高尺寸及各部分做法
设计概算	确定建设项目全部费用	对施工图预算起控制作用
施工组织设计	确定施工方法、主要技术措施、进度计划等	施工图预算应按施工组织确定的施工方法计算相关费用，尤其是措施费
预算定额（或消耗量定额）	规定了各分项工程的工程量计算规则及人工、材料、机械的消耗标准	按定额确定各分项工程的消耗量及其费用，若使用消耗量定额，仅能确定人工、材料、机械的消耗量
工程量清单计价规范	列出各分部分项工程的项目编码、项目名称、计量单位、工程量计算规则等内容	编制工程量清单的依据
价目表	与消耗量定额配套列出人工费、材料费和机械费	确定人工费、材料费、机械台班的使用费，是确定基期基价的主要依据，作为统一计取措施费和间接费等的计算基础
人工单价、材料单价和施工机械台班单价	由当地造价管理部门发布的当时当地的人工、材料、机械单价	作为确定预算期人工费、材料费、机械费的价格依据
费用定额	给出措施费费率、企业管理费费率、利润率、税率等	作为计算间接费、利润税金的依据之一
造价手册（或预算手册）	列出预算常用的一些数据、计算公式、单位之间的换算关系等	加快预算造价的编制速度
工程承发包合同文件	工程承包形式、材料供应方式、工程结算方式等条款	确定各项费用时应考虑其计算方法符合合同要求

思考与练习

一、单项选择题

1. 某工程设计概算为 5 689 万元，那么，其施工图预算应为（　　）万元。

A. 6 216　　B. 5 714　　C. 5 548　　D. 7 200

2. 某工程在招标阶段需要编制工程量清单，此时应采用的计价依据是（　　）。

A. 概算定额　　B. 预算定额

C. 企业定额　　D. 工程量清单计价规范

3. 编制工程预算时，首先要计算各分项工程的工程量，其长、宽、高尺寸应从（　　）中查找。

A. 设计图样　　B. 施工组织设计

C. 消耗量定额　　D. 价目表

4. 计算工程的利润时，为确定利润率，应使用（　　）作为计价依据。

A. 预算定额　　B. 费用定额

C. 造价手册　　D. 设计图样

二、判断题（对者画“√”，错者画“×”）

1. 确定分项工程的人工消耗量应依据价目表。（　　）

2. 确定分项工程的人工费可依据价目表。（　　）

3. 某工程施工图预算为 600 万元，施工预算不得超过 600 万元。（　　）

4. 初步设计阶段需要编制设计概算。（　　）

5. 直接发包时，签订的合同价应以施工图预算为依据，而编制施工图预算的计价依据是预算定额。（　　）

第二节　建筑装饰工程预算定额

学习目标

1. 熟悉工程定额的分类。
2. 掌握预算定额的作用、编制依据、表示形式及其应用。

一、工程定额的分类

在建筑安装施工生产中，根据需要而采用不同的定额。例如，用于企业内部管理的有企业定额。又如为了计算工程预算造价，要使用预算定额、费用定额等。因此，工程建设定额可以从不同的角度进行分类。此处只从如下两个角度对定额进行分类。

1. 按定额反映的生产要素消耗内容分类

（1）劳动定额。劳动定额也称为人工定额，规定了在正常施工条件下某工种某等级的工人，生产单位合格产品所需消耗的劳动时间，或是在单位时间内生产合格产品的数量。前者称为时间定额，后者称为产量定额，两者互为倒数关系。例如：在混凝土或硬基层上施作 20 mm 厚水泥砂浆找平层每 10 m^2 需要消耗 0.78 个工日，每米 ^{2} 则需 0.078 个工日，此即为时间定额，其产量定额应为 $\frac{1}{0.078}=$ 12.8 m^2/ 工日，即为产量定额，其含义是每个工日（一个工人工作 8 h 为 1 工日）能完成 12.8 m^2 的产量。

（2）材料消耗定额。材料消耗定额是在节约和合理使用材料的条件下，生产单位合格产品所必须消耗的一定品种规格的原材料、半成品、成品或结构构件的消耗量。例如：在混凝土或硬基层上施作 20 mm 厚水泥砂浆找平层每 10 m^2 需要消耗 1∶3 水泥砂浆 0.202 m^3。

（3）机械台班消耗定额。机械台班消耗定额是在正常施工条件下，利用某种机械，生产单位合格产品所必须消耗的机械工作时间，或是在单位时间内机械完成合格产品的数量。前者称为机械时间定额，后者称为机械产量定额，两者互为倒数关系。例如：在混凝土或硬基层上施作 20 mm 厚水泥砂浆找平层每 10 m^2 需要消耗 200 L 灰浆搅拌机 0.034 台班（一台机械工作 8 h 为 1 台班）。

2. 按定额的不同用途分类

按定额的不同用途分类，在施工前和施工过程中，主要用到两类定额：施工定额与预算定额。

（1）施工定额。是企业内部使用的定额，以同一性质的施工过程为研究对象，由劳动定额、材料消耗定额、机械台班消耗定额组成。施工定额既是企业投标报价的依据，也是企业控制施工成本的基础。例如：施工阶段签发施工任务单就应依据

施工定额。

（2）预算定额。是编制工程预结算时计算和确定一个规定计量单位的分项工程或结构构件的人工、材料、机械台班耗用量（或货币量）的数量标准。它是以施工定额为基础的综合扩大。例如：直接发包工程时，应以预算定额确定工程造价作为签订合同价款的依据。

两类定额的主要区别见表 1—2—1。

表 1—2—1　施工定额与预算定额对比

定额名称 / 项目	施工定额	预算定额
作用	为企业编制施工预算或投标报价的依据	为编制施工图预算，招标控制价的依据
内容	单位分部分项工程劳动力、材料、机械台班的耗用量	除人工、材料、机械耗用量以外，还有费用及单价（消耗量定额有配套的价目表）
反映的水平	平均先进水平，比预算定额高出 10% 左右	反映大多数企业和地区能达到和超过的水平，是社会平均水平

二、预算定额的作用

预算定额有很多方面的作用，其主要作用体现在以下三个方面：

1. 预算定额是编制施工图预算、确定工程造价的依据。

2. 预算定额是建筑安装工程在工程招投标中确定招标控制价和投标报价的依据。

3. 预算定额是拨付工程价款和编制竣工结算的依据。

三、预算定额的编制原则和依据

1. 预算定额的编制原则

（1）社会平均水平的原则。预算定额应遵循价值规律的要求，按生产该产品的社会平均必要劳动时间来确定其价值。即在正常施工条件下，以平均的劳动强度、平均的技术熟练程度，在平均的技术装备条件下，完成单位合格产品所需的劳动消耗量就是预算定额的消耗量水平。这种以社会平均劳动时间来确定的定额水平，就

是通常所说的社会平均水平。

（2）简明适用的原则。定额的简明与适用是统一体中的两个方面，如果只强调简明，适用性就差；如果只强调适用，简明性就差。因此预算定额要在适用的基础上力求简明。

2. 预算定额的编制依据

（1）全国统一劳动定额、全国统一基础定额。

（2）现行的设计规范、施工验收规范、质量评定标准和安全操作规程。

（3）通用的标准图和已选定的典型工程施工图样。

（4）推广的新技术、新结构、新材料、新工艺。

（5）施工现场测定资料、实验资料和统计资料。

（6）现行预算定额及基础资料和地区材料预算价格、工资标准及机械台班单价。

四、预算定额消耗指标的确定

预算定额的编制一般分为以下三个阶段进行。

1. 预算定额计量单位的确定

预算定额计量单位的选择，与预算定额的准确性、简明适用性及预算工作的繁简有着密切的关系。因此，在计算预算定额各种消耗量之前，应首先确定其计量单位。

在确定预算定额计量单位时，首先，应考虑该单位能否反映单位产品的工、料消耗量，保证预算定额的准确性；其次，要有利于减少定额项目，保证定额的综合性；最后，要有利于简化工程量计算和整个预算定额的编制工作，保证预算定额编制的准确性和及时性。

由于各分项工程的形体不同，预算定额的计量单位应根据上述原则和要求，按照分项工程的形体特征和变化规律来确定。具体确定方法见表 1—2—2。

表 1—2—2　　预算定额计量单位的确定方法

形体特征和变化规律	采用的计量单位
物体的长、宽、高三个量都在变化	m^3
物体有一固定的不同厚度，但长和宽两个度量所决定的面积不固定	m^2

续表

形体特征和变化规律	采用的计量单位
物体截面形状大小固定，但长度不固定时	延长米
金属结构	kg 或 t
不需经量度的物体，如水嘴、日光灯、暖气片	自然计量单位

预算定额单位确定以后，在预算定额项目表中，常采用所取单位的 10 倍、100 倍等倍数的计量单位来制定预算定额。

2. 预算定额消耗量指标的确定

根据人工消耗指标、材料消耗指标、施工机械台班消耗指标来确定消耗量指标。

（1）人工消耗指标。预算定额中的人工消耗指标一般以综合工日表示，例如：在填充料上施作 20 mm 厚水泥砂浆找平层，其人工消耗指标为 0.8 工日 /10 m^2，其含义是指每铺 10 m^2 这样的找平层需要消耗 0.8 个工日。

（2）材料消耗指标。由于预算定额是在基础定额的基础上综合而成的，所以其材料用量也要综合计算。在预算定额中，以各种材料的自身计量单位分别表示，见表 1—2—3。

（3）施工机械台班消耗指标。预算定额的施工机械台班消耗指标的计量单位是台班。按现行规定，每个工作台班按机械工作 8 h 计算。

预算定额中的机械台班消耗指标应按全国统一劳动定额中各种机械施工项目所规定的台班产量进行计算。在预算定额中以台班数量表示，见表 1—2—3。

五、预算定额的表示形式

各省、市、自治区编制的预算定额，在表现形式上大同小异，现以 ×× 省建筑工程消耗量定额为例，简要介绍预算定额的表示形式。

1. 消耗量定额手册的内容

消耗量定额手册主要由目录、总说明、分部说明、定额项目表及附录组成。

（1）总说明。总说明主要阐述了定额的编制原则、指导思想、编制依据、适用范围及定额的作用，同时说明了编制定额时已经考虑和没有考虑的因素、使用方法及有关规定等。因此，使用定额前应首先了解和掌握总说明。例如：总说明中规定 ×× 以上（以外）不包括其本身，而 ×× 以下（以内）则包括其本身。

（2）分部说明。主要介绍了分部工程所包括的主要项目及工作内容，编制中有关问题的说明，执行中的一些规定，特殊情况的处理等。分部说明是定额手册的重要部分，是执行定额和进行工程量计算的基准，必须全面掌握。例如：分部说明中规定了各种情况的定额换算及其换算系数。

（3）定额项目表。定额项目表是消耗量定额的主要构成部分，一般由工作内容（分节说明）、定额单位、项目表和附注组成。

分节（项）说明，是说明该分节（项）中所包括的主要内容，一般列在定额项目表的表头左上方。套用定额时，一定要仔细核对工作内容，是否与实际工程的工作内容一致。定额单位一般列在表头右上方。一般为扩大单位，如 10 m^2、10 m^3、10 m 等。具体见表 1—2—3。

表 1—2—3　　装饰工程消耗量定额（节选）　　单位：10 m^2

定额编号			9–1–1	9–1–2	9–1–3	9–1–4	9–1–5
项目			水泥砂浆			细石混凝土	
			在混凝土或硬基层上	在填充料上	每增减 5 mm	40 mm	每增减 5 mm
			20 mm				
名称		单位	数量				
人工	综合工日	工日	0.78	0.80	0.14	1.03	0.14
材料	水泥砂浆 1:3	m^3	0.202 0	0.253 0	0.051 0	—	—
	素水砂浆	m^3	0.020 0	—	—	0.010 0	—
	细石混凝土 C20	m^3	—	—	—	0.404 0	0.051 0
	水	m^3	0.060 0	0.060 0	—	0.060 0	—
机械	灰浆搅拌机 200 L	台班	0.034	0.042	0.009	—	—
	混凝土振捣器（平板式）	台班	—	—	—	0.024	0.004

（4）附录。附录列在消耗量定额手册的最后，包括每 10 m^3 混凝土模板含量参考表和混凝土及砂浆配合比表，供定额换算、补充使用。

2. 消耗量定额项目的划分和定额编号

（1）项目的划分。消耗量定额手册的项目是根据建筑结构、工程内容、施工顺序、使用材料等，按章（分部）、节（分项）、项（子目）排列的。

分部工程（章）是将单位工程中某些性质相近、材料大致相同的施工对象归在一起。

例如：现行的 ×× 省建筑工程消耗量定额共十章，分别为：①土石方工程；②地基处理与防护工程；③砌筑工程；④钢筋及混凝土工程；⑤门窗及木结构工程；⑥屋面、防水、保温及防腐工程；⑦金属结构制作工程；⑧构筑物及其他工程；⑨装饰工程；⑩施工技术措施项目。

分部工程以下，又按工程性质、工程内容、施工方法、使用材料等，分成许多分项（节）。分项以下，再按工程性质、规格、材料的类别等分成若干子项（子目）。例如：现行的《×× 省建筑工程消耗量定额》第九章装饰工程又分为：第一节楼地面工程，第二节墙柱面工程，第三节顶棚工程等分项。第一节楼地面工程又分为找平层、楼地面整体面层等子项工程，楼地面整体面层又分为水泥砂浆地面 20 mm 厚，水泥砂浆楼梯 20 mm 厚等子目。

（2）定额编号。为了使编制预算项目和定额项目一致，便于查对，章、节、项都应有固定的编号，称为定额编号。编号的方法一般有汇总号、二符号、三符号等编法。有的地区是按二符号编码的，如“6-10”表示第六章第十个子目，有的地区采用三符号编码，如“9-1-1”表示第九章第一节第一项，该编码虽然麻烦些，但补充定额可以按节补充，补充定额项目不乱，也符合定额项目多变的要求。

六、预算定额的应用

要正确理解设计要求和施工做法，是否与定额内容相符。只有对消耗量定额和施工图有了确切了解，才能正确套用定额，防止错套、重套和漏套，真正做到正确使用定额。消耗量定额的使用一般有下列两种情况。

1. 消耗量定额的直接套用

工程项目要求与定额内容、做法说明、技术特征和施工方法等完全相符，且工程量的计量单位与定额计量单位一致，可以直接套用定额，如果部分特征不相符必须进行仔细核对。

2. 消耗量定额的调整换算

工程项目要求与定额内容不完全相符，不能直接套用定额，应根据不同情况加以换算，换算必须符合定额中的有关规定，在允许范围内进行。

编制消耗量定额时，对那些设计和施工中变化多，影响工程量和价差较大的项

目，例如砌筑砂浆强度等级、混凝土强度等级、龙骨用量等均允许根据实际情况进行换算、调整。但调整换算要严格按分部说明或附注说明中的规定执行。没有规定一般不允许调整，因为消耗量定额是发承包双方共同遵守、执行的消耗量标准。

消耗量定额的换算可以分为强度等级换算、用量调整、系数调整、施工做法与定额不同时的调整和其他调整。

（1）强度等级换算。在消耗量定额中，对砖石工程的砌筑砂浆及混凝土等均列几种常用强度等级，设计图样的强度等级与定额规定强度等级不同时，允许换算。其换算公式为：

换算后定额基价 = 定额中基价 +（换入的半成品单价 − 换出的半成品单价）× 相应换算材料的定额用量

（2）用量调整。在消耗量定额中，定额与实际消耗量不同时，允许调整其数量。如龙骨不同可以换算等。换算时不要忘记损耗量，因定额中已考虑了损耗，与定额比较也必须考虑损耗，才有可比性。例如：在顶棚工程中，定额规定顶棚木龙骨吊杆的规格与用量，设计与定额不同时，可以调整，其他不变（角钢的损耗率均为 6%）。

（3）系数调整。在消耗量定额中，由于施工条件和方法不同，某些项目可以乘以系数调整。调整系数分为定额系数和工程量系数。定额系数是指人工、材料、机械等乘以系数，工程量系数是用在计算工程量上的系数。例如：在油漆、涂料及裱糊一节中，定额规定木夹板、石膏板面刮腻子，套用相应定额，其人工乘以系数为 1.10，材料乘以系数为 1.20。

（4）施工做法与定额不同时的调整。在消耗量定额中，对某些项目定额，一般分为基本定额和增加定额，即超过基本定额时，另行计算。例如：单层木门刷底油一遍，调和漆两遍，套定额编号为 9-4-1 的定额子目，若设计刷底油一遍，调和漆三遍，则在套用定额编号为 9-4-1 的定额子目后，还要再加套定额编号为 9-4-21 的定额子目。调和漆每增一遍定额见表 1—2—4。

（5）其他调整。消耗量定额中调整换算的项很多，方法也不一样，如找平层厚度调整、材料单价换算、增加费用调整等。总之，定额的换算调整都要按照定额的规定进行。掌握定额的规定和换算调整方法，是对工程造价工作人员的基本要求之一。

表 1—2—4　　装饰工程价目表（节选）

序号	定额编号	项目名称	工作内容 / 备注	单位	基价（元）	人工费（元）	材料费（元）	机械费（元）
第九章　装饰工程　第四节　油漆、涂料及裱糊						工日单价：53 元		
		一、木材面油漆						
		（一）调和漆、磁漆						
1	9-4-1	木材面底油一遍、调和漆两遍——单层木门	清扫、磨砂纸、点漆片、刮腻子、刷底油一遍、调和漆两遍等	10 m^2	183.52	93.81	89.71	0
2	9-4-2	木材面底油一遍、调和漆两遍——单层木窗		10 m^2	168.6	93.81	74.79	0
3	9-4-3	木材面底油一遍、调和漆两遍——墙面墙裙		10 m^2	111.75	70.49	41.26	0
4	9-4-4	木材面底油一遍、调和漆两遍——木扶手（不带托板）		10 m^2	31.96	23.32	8.64	0
5	9-4-5	木材面底油一遍、调和漆两遍——其他木材面		10 m^2	109.92	64.66	45.26	0
6	9-4-6	木材面调和漆刷面三遍——单层木门	清扫、磨砂纸、润油粉、刮腻子、刷调和漆三遍等	10 m^2	332.69	191.86	140.83	0
7	9-4-7	木材面调和漆刷面三遍——单层木窗		10 m^2	309.27	191.86	117.41	0
8	9-4-8	木材面调和漆刷面三遍——墙面墙裙		10 m^2	191.22	126.67	64.55	0
9	9-4-9	木材面调和漆刷面三遍——木扶手（不带托板）		10 m	65.52	51.94	13.58	0
10	9-4-10	木材面调和漆刷面三遍——其他木材面		10 m^2	205.69	134.62	71.07	0
11	9-4-11	木材面调和漆两遍、磁漆一遍——单层木门	清扫、磨砂纸、刷润油粉一遍、刮腻子、刷调和漆两遍、磁漆一遍等	10 m^2	342.3	199.28	143.02	0
12	9-4-12	木材面调和漆两遍、磁漆一遍——单层木窗		10 m^2	318.52	199.28	119.24	0

续表

第九章　装饰工程　　第四节　油漆、涂料及裱糊							工日单价：53 元	
序号	定额编号	项目名称	工作内容 / 备注	单位	基价（元）	人工费（元）	材料费（元）	机械费（元）
13	9-4-13	木材面调和漆两遍、磁漆一遍——墙面墙裙	清扫、磨砂纸、刷润油粉一遍、刮腻子、刷调和漆两遍、磁漆一遍等	10 m^2	202.48	131.44	71.04	0
14	9-4-14	木材面调和漆两遍、磁漆一遍——木扶手（不带托板）		10 m	67.85	54.06	13.79	0
15	9-4-15	木材面调和漆两遍、磁漆一遍——其他木材面		10 m^2	211.55	139.39	72.16	0
16	9-4-16	木材面调和漆一遍、磁漆三遍——单层木门	清扫、磨砂纸、刷润油粉一遍、刮腻子、刷调和漆一遍、磁漆三遍、磨退出亮等	10 m^2	445.35	243.80	201.55	0
17	9-4-17	木材面调和漆一遍、磁漆三遍——单层木窗		10 m^2	411.83	243.80	168.03	0
18	9-4-18	木材面调和漆一遍、磁漆三遍——墙面墙裙		10 m^2	238.25	146.81	91.44	0
19	9-4-19	木材面调和漆一遍、磁漆三遍——木扶手（不带托板）		10 m	84.89	65.27	19.17	0
20	9-4-20	木材面调和漆一遍、磁漆三遍——其他木材面		10 m^2	272.81	171.19	101.62	0
21	9-4-21	木材调和漆刷面每增加一遍——单层木门	刷调和漆一遍	10 m^2	57.19	18.02	39.17	0
22	9-4-22	木材调和漆刷面每增加一遍——单层木窗		10 m^2	50.76	18.02	32.74	0
23	9-4-23	木材调和漆刷面每增加一遍——墙面墙裙		10 m^2	29.64	11.66	17.98	0
24	9-4-24	木材调和漆刷面每增加一遍——木扶手（不带托板）		10 m	8.54	4.77	3.77	0
25	9-4-25	木材调和漆刷面每增加一遍——其他木材面		10 m^2	32.47	12.72	19.35	0

思考与练习

一、单项选择题

1. 定额实际上就是一种（　　）。

A. 标准　B. 数据　C. 表格　D. 图例

2. 预算定额反映的水平是（　　）。

A. 先进水平　B. 平均先进水平

C. 一般水平　D. 社会平均水平

3. 当物体的长、宽、高三个量都在变化时，应采用（　　）作为计量单位。

A. m　B. m^2　C. m^3　D. t

4. 在填充料上施作 20 mm 厚水泥砂浆找平层每 10 m^2 需要消耗人工 0.8 工日，那么，每铺 1 m^2 这样的找平层需消耗 0.08 工日。这种表示人工定额的形式称为（　　）。

A. 时间定额　B. 产量定额　C. 劳动定额　D. 材料定额

5. 一台机械工作 8 h 称为一个（　　）。

A. 台班　B. 工日　C. 台时　D. 台日

二、判断题（对者画“√”，错者画“×”）

1. 工程消耗量定额其本质上仍应归于预算定额一类。（　　）

2. 编制施工预算应使用施工定额，编制施工图预算应使用预算定额。（　　）

3. 人工时间定额乘以人工产量定额等于 1。（　　）

4. 施工定额和预算定额都是由劳动定额、材料消耗定额、机械台班消耗定额组成，但两者反映的消耗水平不同。（　　）

5. 定额换算时不需考虑损耗量。（　　）

三、简述题

简述施工定额与预算定额的区别。

四、计算题

1. 铺设 40 mm 厚的细石混凝土找平层每 10 m^2 需要消耗人工 1.03 工日，厚度每增减 5 mm 需要消耗人工 0.14 工日（见表 1—2—3）。那么，铺设 50 mm 厚的细石混凝土找平层，每 10 m^2 需消耗人工多少个工日?

2. 一台机械的时间定额是 0.25 台班 /m^2，那么这台机械的产量定额是多少?

第二章　定额计价模式

第一节　建筑工程费用项目组成

学习目标

1. 熟悉工程类别划分标准。
2. 掌握建设工程费用项目的构成。
3. 熟悉建筑工程费用费率。

一、工程类别划分标准

工程类别划分标准，是根据不同的单位工程，按其施工难易程度，结合建筑市场的实际情况确定的。工程类别划分标准是确定工程施工难易程度、计取有关费用的依据。新建建筑工程中的装饰工程，按表 2—1—1 确定其工程类别。

表 2—1—1　　工程类别划分标准

工程名称	Ⅰ	Ⅱ	Ⅲ
工业与民用建筑	四星级宾馆以上	三星级宾馆	二星级宾馆以下
单独外墙装饰	幕墙高度 50 m 以上	幕墙高度 30 m 以上	幕墙高度 30 m 以下（含 30 m）

装饰工程有关说明：

1. 民用建筑中的特殊建筑，包括影剧院、体育馆、展览馆、高级会堂等建筑的装饰工程类别，均按Ⅰ类工程确定。

2. 民用建筑中的公用建筑，包括综合楼、办公楼、教学楼、图书馆等建筑的装饰工程类别，均按Ⅱ类工程确定。

3. 一般居住类建筑的装饰均按Ⅲ类工程确定。

4. 单独招牌、灯箱、美术字等工程，均按Ⅲ类工程确定。

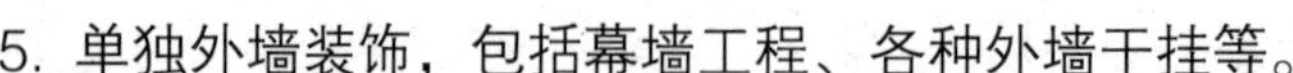

5. 单独外墙装饰，包括幕墙工程、各种外墙干挂等。

二、费用项目的构成

为了加强工程建设的管理，有利于合理确定工程造价，提高基本建设投资效益，国家统一了建筑、安装工程造价划分的口径。按照原建设部、财政部建标［2003］206号文件《关于印发〈建筑安装工程费用项目组成〉的通知》规定：建筑安装工程费用项目由直接费、间接费、利润和税金组成。如图2—1—1所示。

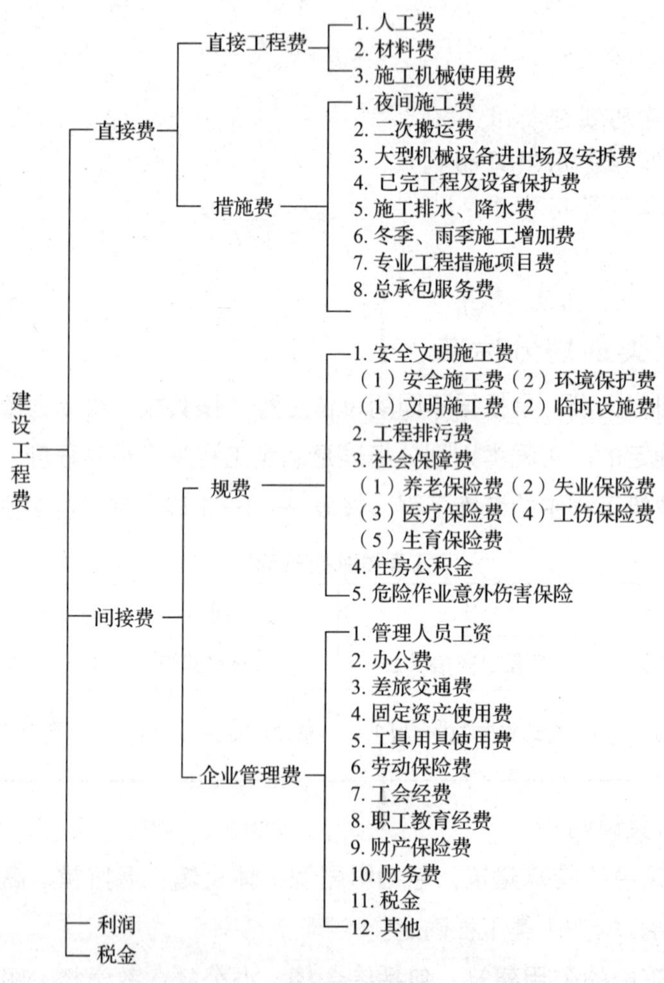

图2—1—1　建筑安装工程费用项目组成

1. 直接费

直接费是指在工程施工中直接耗费的构成工程实体和有助于工程形成的各项费

用。直接费由直接工程费和措施费组成。

（1）直接工程费。直接工程费是指施工过程中耗费的构成工程实体的各项费用，包括人工费、材料费、施工机械使用费。

（2）措施费。措施费是指为完成建设工程施工，发生于该工程施工前和施工过程中非工程实体项目的措施费用。

2. 间接费

间接费是指建筑安装企业组织施工生产和经营管理的费用及政府和有关权力部门规定必须缴纳费用的总称。间接费由企业管理费和规费组成。

（1）企业管理费。企业管理费是指建筑安装企业组织施工生产和经营管理所需的费用。

（2）规费。规费是指政府和有关权力部门规定必须缴纳的费用。

3. 利润

利润是指施工企业完成所承包工程所获得的盈利。费用定额规定的利润率是指按拟建单位工程类别确定的，即按其建筑形式、规模大小、施工难易程度等因素实施差别利率。建筑施工企业可依据本企业经营管理水平和建筑市场供求情况，自行确定本企业的利润水平。

利润 =（直接工程费 + 措施费）× 利润率

4. 税金

税金是指国家税法规定的应计入建筑工程造价内的营业税、城市维护建设税及教育费附加（简称两税一费）。

三、建设工程费用费率

在计算措施费、企业管理费、利润和税金的过程中，通常需要了解措施费费率、企业管理费费率、利润率和税金率。这些费率一般都是由各省造价管理部门测定并发布。

1. 措施费费率

措施费中的夜间施工费、二次搬运费、冬（雨）季施工增加费、已完工程及设备保护费等费用很难准确计算其工程量并应用定额求出，所以各省一般都会给出统一的计算方法并发布费率。若以省价人工费作为措施费的计算基础，其参考费率见表 2—1—2。

表 2—1—2　　装饰工程措施费费率表　　%

费用名称 / 专业名称	夜间施工费	二次搬运费	冬（雨）季施工增加费	已完工程及设备保护费	总承包服务费
装饰工程	4.0	3.6	4.5	0.15	3

说明：

（1）装饰工程措施费中人工费含量：夜间施工费、冬（雨）季施工增加费及二次搬运费为 20%，已完工程及设备保护费为 10%。

（2）装饰工程已完工程及设备保护费计费基础为省价直接工程费。其余为省价人工费。

2. 企业管理费、利润率

由于企业管理费和利润也是按相应的计费基础乘以其费率求得，所以，企业管理费费率和利润率也可以在各省造价部门发布的费率中查得。若以省价直接工程费中的人工费和省价措施费中的人工费之和作为计费基础，企业管理费费率和利润率见表 2—1—3。

表 2—1—3　　企业管理费费率和利润率

费用名称及工程类别 / 专业名称	企业管理费费率			利润率		
	Ⅰ	Ⅱ	Ⅲ	Ⅰ	Ⅱ	Ⅲ
装饰工程	102	81	49	34	22	16

3. 规费费率

规费是非竞争性费用，其费率由各省统一发布，在预算过程中不得上浮或下调。若以直接费、企业管理费和利润之和作为计费基础，规费费率见表 2—1—4。

表 2—1—4　　装饰工程规费费率　　%

专业名称 / 费用名称	装饰工程
安全文明施工费	3.84
其中：（1）安全施工费	2.0
（2）环境保护费	0.12
（3）文明施工费	0.10

续表

专业名称 / 费用名称	装饰工程
（4）临时设施费	1.62
工程排污费	按工程所在地设区市相关规定计算
社会保障费	2.6
住房公积金	按工程所在地设区市相关规定计算
危险作业意外伤害保险	按工程所在地设区市相关规定计算

4. 税金费率

税金 = 税前造价 × 相应税率，而税率与工程所在地有关，各省通常以综合税率（即包括营业税、城市建设维护费和教育费附加）的形式发布，见表 2—1—5。

表 2—1—5　　税 金 费 率　　%

工程所在地	费率
市区	3.48
县城、镇	3.41
市、县城、镇外	3.28

思考与练习

一、单项选择题

1. 劳动保险费是指由企业支付离退休职工的异地安家补助费、职工退休金、6个月以上的病假人员工资、职工死亡丧葬补助费等，它属于（　　）。

A. 直接工程费　　B. 措施费　　C. 企业管理费　　D. 规费

2. 施工过程中耗费的构成工程实体的各项费用称为（　　）。

A. 直接费　　B. 直接工程费

C. 措施费　　D. 规费

3. 二次搬运费是指因施工现场狭小等特殊情况而发生的二次搬运费用，它应属于（　　）。

A. 措施费　　B. 规费　　C. 利润　　D. 税金

4. 企业为筹集资金而需支付的贷款手续费和利息应计入财务费，而财务费属于（　　）。

A. 直接工程费　　B. 企业管理费

C. 规费　　D. 利润

5. 企业按规定缴纳的房产税、车船使用税、土地使用税、印花税等应计入（　　）。

A. 税金　　B. 企业管理费

C. 利润　　D. 直接费

二、判断题（对者画“√”，错者画“×”）

1. 措施费是指按政府规定必须缴纳的费用。（　　）

2. 规费是可以根据企业实际情况考虑计取或不计取的费用。（　　）

3. 计算利润时，可以根据实际情况上调或下浮利润率。（　　）

4. 税率必须按规定计取，不准上调或下浮。（　　）

5. 工程类别划分标准是确定施工难易程度，计取有关费用的依据。（　　）

第二节　装饰工程费用计算程序

学习目标

1. 掌握工程费用的计算程序。
2. 掌握装饰工程费用的计算案例。

一、建筑工程费用计算程序

1. 按装饰工程施工图样计算出各分项工程量后，分别套用定额和单价，求出各分部分项工程的人工费、材料费和机械费。将这三项费用合计为表 2—2—1 中的（一）项数据，即直接工程费合计。

2. 措施费

（1）定额所含措施项目，用工程量乘以相应的人工费、材料费、机械费之和即得到按定额计取的措施费，即第一部分费用。

（2）用直接工程费中的人工费乘以建筑工程措施费费率表中的措施费费率，即得出措施费用的第二部分。

（3）按施工组织设计（方案）计取措施项目费用的第三部分。详见表2—2—1。

3. 企业管理费按省价直接工程费中的人工费与省价措施费中的人工费之和乘以管理费费率计算。

4. 利润按省价直接工程费中的人工费与省价措施费中的人工费之和乘以利润率计算。

5. 规费按成本加利润为计算基础乘规定费率计算。

税金按不同的纳税地（工程所在地）以税前造价为基础乘以税率计算。

以上各项费用总和，即构成建筑装饰工程费合计。建筑装饰工程费用除以建筑面积，即可得出每米^{2}造价（单方造价）。

装饰工程费用计算程序见表2—2—1。各项费用如需调整，另行文件公布。

表2—2—1　装饰定额计价计算程序

序号	费用名称	计算方法
一	直接费	（一）+（二）
其中	（一）直接工程费	Σ{工程量×Σ[（定额工日消耗数量×人工单价）+（定额材料消耗数量×材料单价）+（定额机械台班消耗量×机械台班单价）]}
	其中：省价人工费 R_1	Σ工程量×定额工日消耗数量×省价人工单价
	（二）措施费	1+2+3
	1. 参照定额规定计取的措施费	按定额规定计算
	2. 参照省发布费率计取的措施费	R_1×相应费率
	3. 按施工组织设计（方案）计取的措施费	按施工组织设计（方案）计取
	其中：省价人工费 R_2	Σ措施费中省价人工费
二	企业管理费	（R_1+R_2）×管理费率
三	利润	（R_1+R_2）×利润率
四	规费	（一+二+三）×规定费率
五	税金	（一+二+三+四）×税率
六	装饰工程费用合计	一+二+三+四+五

二、直接工程费与省价直接工程费的区别

直接工程费实际上是指“三量”与“三价”的乘积之和，即人工消耗量 × 人工单价 + 材料消耗量 × 材料单价 + 机械消耗量 × 机械台班单价。“三量”按定额执行，一般是不变的，“三价”是随市场波动而变化的，在上述计算式中，如果“三价”执行当时当地的市场价格得到的就称为直接工程费，如果“三价”执行的是某一时期（如 2011 年）省发布的信息价得到的就称为省价直接工程费。因此，用价目表中的基价与分项工程量相乘得到的就是省价直接工程费。土建工程在计算措施费和间接费时以直接工程费作为计算基础。为保证全省计算基础的统一，应采用省价直接工程费（有的省市可能称为基期价格）。装饰工程的计费基础是人工费，也应该执行省价直接工程费中的人工费（有的省市也可能以直接工程费作为计算基础）。

三、案例

1. 背景

某地级市区内一办公楼装修工程，建筑面积 5 000 m^2，其中，按市场价计算的直接工程费合计为 1 883 563.52 元，按省价目表计算的直接工程费合计为 1 698 898.64 元，其中，省价人工费合计为 567 820.98 元。按定额规定和市场价格计取的措施费合计为 126 832.56 元，其中，省价人工费合计为 33 684.36 元；参照省发布费率计取的措施费为 69 558.07 元，其中，省价人工费合计为 13 826.44 元；不考虑总包服务费，按施工组织设计计取的措施费为 28 635.43 元，其中，省价人工费为 8 548.59 元。假设文件规定规费费率为 0.1%，确定装饰工程造价。

2. 分析

根据工程类别划分标准，该工程属于Ⅱ类工程，从建设工程费率表中查得措施费费率分别为：夜间施工费费率为 4%（人工费含量为 20%），二次搬运费费率为 3.6%（人工费含量为 20%），冬（雨）季施工增加费费率为 4.5%（人工费含量为 20%），企业管理费费率为 81%，利润率为 22%，市区税率为 3.48%。

3. 计算

见表 2—2—2。

表 2—2—2　　装饰工程费用计算程序（示例）

序号	费用名称	计算方法	费用（元）
一	直接费	（一）+（二）	2 108 589.58
其中	（一）直接工程费	Σ{工程量×Σ[（定额工日消耗数量×人工单价）+（定额材料消耗数量×材料单价）+（定额机械台班消耗量×机械台班单价）]}	1 883 563.52
	其中：省价人工费 R_1	Σ工程量×定额工日消耗数量×省价人工单价	567 820.98
	（二）措施费	1+2+3	225 026.06
	1. 参照定额规定计取的措施费	按定额规定计算	126 832.56
	2. 参照省发布费率计取的措施费	R_1×相应费率	69 558.07
	3. 按施工组织设计（方案）计取的措施费	按施工组织设计（方案）计取	28 635.43
	其中：省价人工费 R_2	Σ措施费中省价人工费	56 059.39
二	企业管理费	（R_1+R_2）×管理费率	505 343.10
三	利润	（R_1+R_2）×利润率	137 253.68
四	规费	（一+二+三）×规定费率	2 751.19
五	税金	（一+二+三+四）×税率	95 837.03
六	装饰工程费用合计	一+二+三+四+五	2 849 774.58

计算说明：

（1）参照省发布费率计取的措施费为567 820.98×（4%+3.6%+4.5%+0.15%）=69 558.07元，其中省价人工费为567 820.98×（4%+3.6%+4.5%）×20%+567 820.98×0.15%×10%=13 826.44元。

（2）措施费中的人工费合计为33 684.36+13 826.44+8 548.59=56 059.39元。

（3）企业管理费为（567 820.98+56 059.39）×81%=505 343.10元。

思考与练习

一、填空题

1. 措施费由三部分组成，它们分别是________、________、________。

2. 定额工日消耗量 × 人工单价得到________。定额材料消耗量 × 材料单价得到________。定额机械消耗量 × 机械台班单价得到________。这三者之和与分项工程的工程量相乘得到直接工程费。

二、计算题

某村办企业计划建造一座两层小楼作为企业办公楼，建筑面积为 900 m^2，按市场价计算的装饰工程直接工程费，合计为 189 346.88 元，按省价目表计算的直接工程费合计为 164 380.18 元，其中省价人工费合计为 41 626.94 元，按定额规定和市场价格计取的措施费合计为 12 326.30 元，按价目表计算的措施费合计为 10 800.65 元，其中人工费合计为 3 600 元，参照省发布费率计取的措施费不考虑总包服务费，按施工方案计取的措施费为 1 800 元，其中人工费为 520 元，假定文件规定规费费率为 0.1%，请确定装饰工程造价。

第三节　定额计价方法

学习目标

1. 熟悉施工图预算书的编制内容。
2. 掌握工程量计算的有关规定。

一、装饰工程施工图预算书编制内容和步骤

定额计价方法是通过编制施工图预算书来完成对工程造价的预测，是一种传统的计价方法，而施工图预算是一种预测行为，是各种计价方式的基础。图 2—3—1 所示为装饰工程施工图预算书的编制内容和步骤。

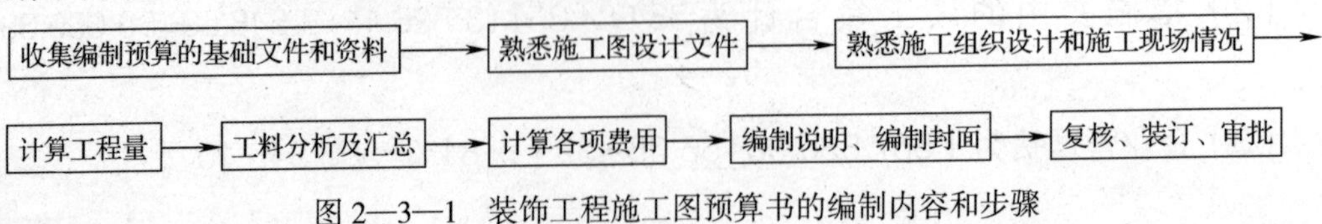

图 2—3—1　装饰工程施工图预算书的编制内容和步骤

二、工程量计算

1. 工程量的概念

工程量是指用物理计量单位或自然计量单位表示的建筑分项工程的实物数量。

物理计量单位是指须经量度的具有物理属性的单位，如 m、m^2、t、kg 等单位；自然计量单位是指不需量度的具有自然属性的单位，如个、组、件、套等单位。

2. 计算工程量的依据

（1）经审定的施工设计图样及其说明。

（2）经审定的施工组织设计或施工技术措施方案。

（3）经审定的其他有关技术经济文件。

（4）工程施工合同。

3. 计算工程量的有关规定

（1）工程量的计算尺寸，以设计图样表示的尺寸或设计图样能读出的尺寸为准。

（2）除另有规定外，工程量的计量单位应遵循下列规定：按体积计算，计量单位为 m^3；按面积计算，计量单位为 m^2；按长度计算，计量单位为 m；按质量计算，计量单位为 t 或 kg；按件（个或组）计算，计量单位为件（个或组）。

（3）汇总工程量时，其准确度取值：m^3、m^2、m 取两位小数；t 取三位小数；kg、件取整数。

（4）计算工程量时，一般应依施工图样顺序，分部分项依次计算，并尽可能采用计算表格及计算机计算，以简化计算过程。

4. 分项工程量计算顺序

在计算分项工程量时，为防止重复计算或漏算，应遵循一定的计算顺序，通常采用四种不同的顺序（见表 2—3—1）。

表 2—3—1　分项工程量计算顺序举例

计算顺序	方法	适用范围
按照顺时针方向计算	从施工图样左上角开始，按顺时针方向计算，当计算路线绕图一周后，再重新回到施工图样左上角的计算方法	外墙挖地槽、外墙墙基垫层、外墙砖石基础、外墙砖石墙、圈梁、过梁、楼地面、天棚、外墙粉饰、内墙粉饰等

续表

计算顺序	方法	适用范围
按照横竖分割计算	横竖分割计算是采用先横后竖、先左后右、先上后下的计算顺序。在同一施工图样上，先计算横向工程量，后计算竖向工程量。在横向采用先左后右、从上到下；在竖向采用先上后下，从左到右	内墙挖地槽、内墙墙基垫层、内墙砖石基础、内墙砖石墙、间壁墙、内墙面抹灰等
按照图样注明编号、分类计算	按照图样注明编号、分类计算	用于图样上进行分类编号的钢筋混凝土结构、金属结构、门窗、钢筋等构件工程量的计算。如钢筋混凝土工程中的桩、框架、柱、梁、板等构件，都可以按图样注明编号、分类计算
按照图样轴线编号计算	为计算和审核方便，对于造型或结构复杂的工程，可以根据施工图样轴线编号确定工程量计算顺序。因为轴线一般都是按国家制图标准编号的，可以先算横轴线上的项目，再算纵轴线上的项目。同一轴线按编号顺序计算	

三、装饰工程施工图预算书编制内容

装饰工程施工图预算书的编制内容，按装订顺序主要包括预算书封面、编制说明、取费计算程序表、装饰工程预算表、工程量计算表、工料分析及汇总表等。

1. 预算书封面

某工程预算书封面如图 2—3—2 所示。

××工程预算书

工程名称：××市××区政府办公楼	工程地点：××市××区××路
建筑面积：5 000 m^2	结构类型：框架结构
工程造价：2 849 774.58 元	单方造价：569.95 元/m^2
建设单位：××区××政府	施工单位：××建筑装饰工程公司
（公　章）	（公　章）
审批部门：××市××区审计局	编制人：×××
（公　章）	（印　章）
	2013 年 7 月 10 日

图 2—3—2　建筑装饰工程预算书

2. 编制说明

在预算书的封面之后，应列有编制说明，其内容没有统一要求，一般可包括以下几点：

（1）编制依据。可简要说明所编预算的工程名称及概况；采用的图样名称和编号；采用的定额或价目表；采用的费用定额；按几类工程计取费用；采用了项目管理实施规划或施工组织设计方案中的哪些措施。

（2）是否考虑了设计变更或图样会审记录的内容。

（3）特殊项目的补充单价或补充定额的编制依据。

（4）遗留项目或暂估项目有哪些，并说明其原因。

（5）预算书中存在的问题及以后处理的办法。

（6）其他应说明的问题。

3. 取费计算程序表

见表2—2—1。

4. 装饰工程预算表

见表2—3—2。

表2—3—2 装饰工程预算表

定额编号	项目名称	单位	工程量	省定额价		其中					
						人工费		材料费		机械费	
				基价（元）	合价（元）	单价（元）	合价（元）	单价（元）	合价（元）	单价（元）	合价（元）
9-1-9	水泥砂浆楼地面 20 mm	10 m^2	40.000	128.55	5 142	54.59	2 183.6	70.79	2 831.6	3.17	126.8
9-1-13	水泥砂浆踢脚线 20 mm	10 m^2	0.800	34.55	27.64	26.50	21.2	7.58	6.06	0.47	0.38

5. 工程量计算表

见表2—3—3。

表 2—3—3　　工程量计算表

定额编号	项目名称	计算公式	单位	工程量
9-1-9	水泥砂浆楼地面 20 mm	20×20	m^2	400.00
9-1-13	水泥砂浆踢脚线 20 mm	32×0.25	m^2	8.00

6. 工料分析表

见表 2—3—4。

表 2—3—4　　工料分析表

定额编号	项目名称	单位	工程量	综合工日		水泥砂浆		灰浆搅拌机	
				工日		m^3		台班	
				定额	数量	定额	数量	定额	数量
9-1-9	水泥砂浆楼地面 20 mm	10 m^2	40.00	0.78	31.2	0.202 0	8.08	0.034	1.36

7. 装饰工程工料分析汇总表

见表 2—3—5。

表 2—3—5　　装饰工程工料分析汇总表

序号	工料名称	规格	单位	数量	备注
1	综合工日		工日	2 000.25	不分工种
2	机制砖	240 mm×115 mm×53 mm	千块	256.12	
3	石子	20 mm	m^3	89.23	
4	水泥	425 mm	t	56.45	

将以上内容按顺序装订成册，一份单位工程预算书则编制完成。

思考与练习

一、单项选择题

1. 单方造价是指（　　）。

A. 工程造价除以建筑面积　　B. 工程造价除以建筑体积

C. 工程造价乘以建筑面积　　D. 工程造价除以定额用量

2. 某工程水泥砂浆楼地面子目基价为 128.55 元 /10 m^2，经计算该地面工程量为 80 m^2，那么该工程直接工程费应为（　　）元。

A. 10 284　B. 1 028.4　C. 102 840　D. 128.55

二、简答题

1. 编制说明一般应对哪些方面进行说明?

2. 什么是工程量? 什么是物理计量单位? 什么是自然计量单位?

第三章　工程量计算及定额应用

第一节　建筑面积计算规则

学习目标

1. 熟悉建筑面积的相关概念。
2. 掌握各种建筑物的建筑面积计算规则。
3. 掌握不需计算建筑面积的范围。

一、建筑面积的概念

建筑面积是建筑物各层面积的总和，是建筑物的水平平面面积。建筑面积包括使用面积、辅助面积和结构面积三部分，其中使用面积与辅助面积之和称为有效面积，如图 3—1—1 所示。

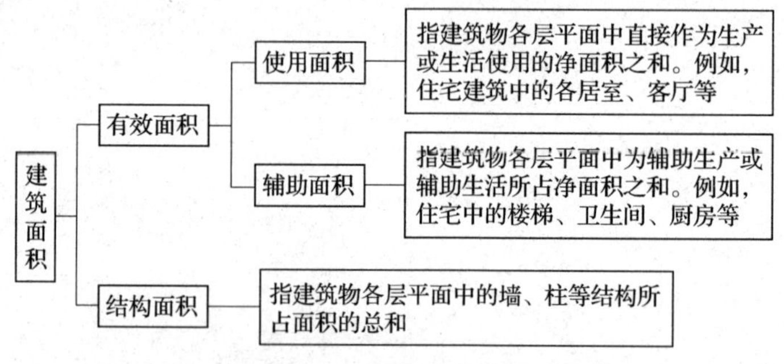

图 3—1—1　建筑面积的组成

二、建筑面积计算规则

由于建筑面积是计算单方造价、人工单耗指标、材料单耗指标、工程量单耗指标等各种技术指标的重要依据，这些指标又起着衡量和评价建设规模、投资效益、工程成本等方面重要尺度的作用。因此，《建筑工程建筑面积计算规范》

（GB/T 50353—2013）规定了建筑面积的计算方法。该规范包括计算建筑面积的范围和不计算建筑面积的范围两部分内容。

三、应计算建筑面积的范围

1. 单层建筑物建筑面积计算规则见表 3—1—1。

表 3—1—1　　单层建筑物建筑面积计算规则

建筑类型	计算规定	计算规定解读
单层建筑物	按其外墙勒脚以上结构外围水平面积计算，并应符合下列规定： 单层建筑物高度在 2.20 m 及其以上应计算全面积；高度不足 2.20 m 者应计算 1/2 面积；利用坡屋顶内空间时，净高超过 2.10 m 的部位应计算全面积；净高在 1.20 ~ 2.10 m 的部位应计算 1/2 面积；净高不足 1.20 m 的部位不应计算面积	①单层建筑物可以是民用建筑、公用建筑，也可以是工业厂房 ②“应按其外墙勒脚以上结构外围水平面积计算”的规定，主要是强调，勒脚是墙根部很矮的一部分墙体加厚，不能代表整个外墙结构，因此要扣除勒脚墙体加厚部分。另外还强调，建筑面积只包括外墙的结构面积，不包括外墙抹灰厚度、装饰材料厚度所占面积 ③利用坡屋顶空间净高计算建筑面积的部位如图 3—1—2 所示 ④单层建筑物应按不同的高度确定面积的计算。其高度指室内地面标高至屋面板板面结构标高之间的垂直距离。遇有以屋面板找坡的平屋顶单层建筑物，其高度指室内地面标高至屋面板最低处板面结构标高之间的垂直距离
单层建筑物内设有局部楼层	单层建筑物内设有局部楼层者，局部楼层的二层及以上楼层，有围护结构的应按其围护结构外围水平面积计算，无围护结构的应按其结构底板水平面积计算。层高在 2.20 m 及以上者应计算全面积；层高不足 2.20 m 者应计算 1/2 面积	①单层建筑物内设有部分楼层的，局部楼层的墙厚应包括在楼层面积内。见案例 3—1—1 ②本规定没有说不算建筑面积的部位，可以理解为局部楼层层高一般不会低于 1.20 m

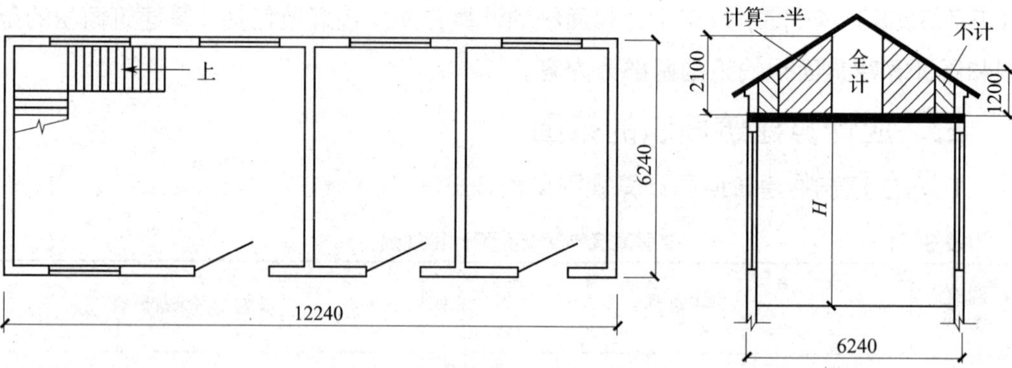

图 3—1—2　利用坡屋顶空间净高计算建筑面积

【案例 3—1—1】 根据图 3—1—3 计算该建筑物的建筑面积（墙厚均为 240 mm）。

解：底层建筑面积 =（6.0 + 4.0 + 0.24）×（3.30 + 2.70 + 0.24）=10.24×6.24=63.90 m²

楼隔层建筑面积 =（4.0 + 0.24）×（3.30 + 0.24）=4.24×3.54=15.01 m²

全部建筑面积 =63.90 + 15.01=78.91 m²

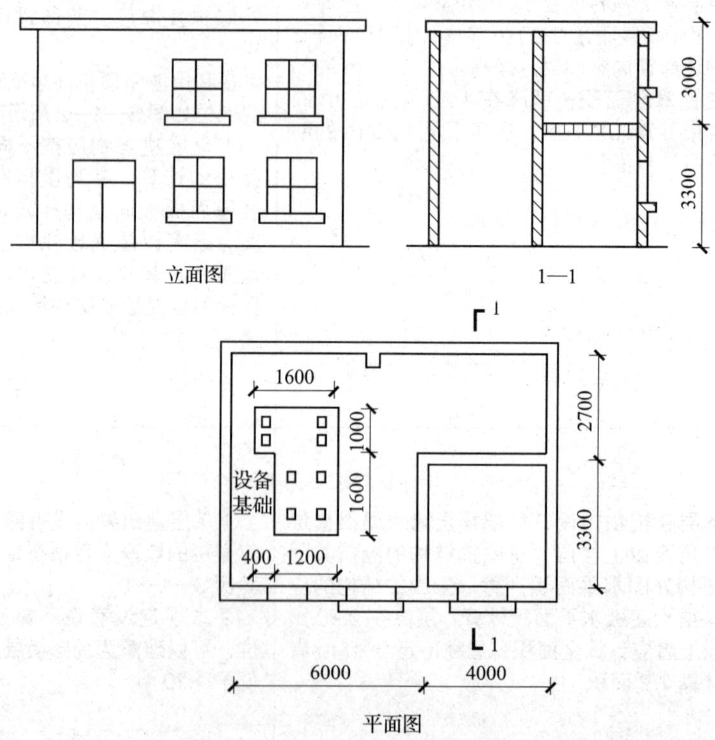

图 3—1—3　某建筑平面图和立面图

2. 多层建筑物及地下室建筑面积计算规则见表 3—1—2。

表 3—1—2　　多层建筑物及地下室建筑面积计算规则

建筑类型	计算规定	计算规定解读
多层建筑物	①多层建筑物首层应按其外墙勒脚以上结构外围水平面积计算；二层及以上楼层应按其外墙结构外围水平面积计算。层高在 2.20 m 及以上者应计算全面积；层高不足 2.20 m 者应计算 1/2 面积 ②多层建筑坡屋顶内和场馆看台下，当设计加以利用时，净高超过 2.10 m 的部位应计算全面积；净高在 1.20 ~ 2.10 m 的部位应计算 1/2 面积；当设计不利用或室内净高不足 1.20 m 时不应计算面积	①规定明确了外墙上的抹灰厚度或装饰材料厚度不能计入建筑面积 ②“二层及以上楼层”是指，有可能各层的平面布置不同，面积也不同，因此要分层计算 ③多层建筑物的建筑面积应按不同的层高分别计算。层高是指上下两层楼面结构标高之间的垂直距离。建筑物最底层的层高指，当有基础底板时按基础底板上表面结构标高至上层楼面的结构标高之间的垂直距离确定；当没有基础底板时按地面标高至上层楼面结构标高之间的垂直距离确定。最上一层的层高是指楼面结构标高至屋面板板面结构标高之间的垂直距离；若遇到以屋面板找坡的屋面，层高指楼面结构标高至屋面板最低处板面结构标高之间的垂直距离 ④多层建筑坡屋顶内和场馆看台下的空间应视为坡屋顶内的空间，设计加以利用时，应按其净高确定其面积的计算；设计不利用的空间，不应计算建筑面积
地下室	地下室、半地下室（车间、商店、车站、车库、仓库等），包括相应的有永久性顶盖的出入口，应按其外墙上口（不包括采光井、外墙防潮层及其保护墙）外边线所围水平面积计算。层高在 2.20 m 及以上者应计算全面积；层高不足 2.20 m 者应计算 1/2 面积	①地下室采光井是为了满足地下室的采光和通风要求设置的。一般在地下室围护墙上口开设一个矩形或其他形状的竖井，井的上口一般设有铁栅，井的一个侧面安装采光和通风用的窗子。如图 3—1—4 所示 ②地下室、半地下室应以其外墙上口外边线所围水平面积计算。以前的计算规则规定：按地下室、半地下室上口外墙外围水平面积计算，文字上不甚严密，“上口外墙”容易被理解成为地下室、半地下室的上一层建筑的外墙。因为通常情况下，上一层建筑外墙与地下室墙的中心线不一定完全重叠，多数情况是凹进或凸出地下室外墙中心线

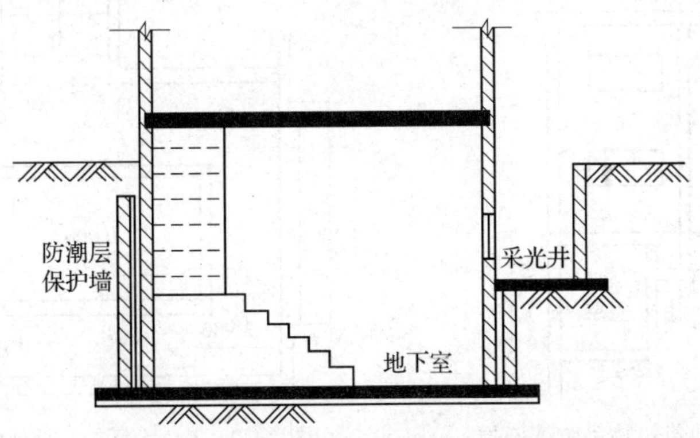

图 3—1—4　地下室建筑面积计算

3. 吊脚架空层及门厅、大厅建筑面积计算规则见表 3—1—3。

表 3—1—3　　吊脚架空层及门厅、大厅建筑面积计算规则

建筑类型	计算规定	计算规定解读
建筑物吊脚架空层、深基础架空层	坡地的建筑物吊脚架空层、深基础架空层，设计加以利用并有围护结构的，按围护结构外围水平面积计算。层高在 2.20 m 及以上的部位应计算全面积；层高不足 2.20 m 的部位应计算 1/2 面积；设计加以利用的无围护结构的建筑物吊脚架空层，应按其利用部位水平面积的 1/2 计算；设计不利用的深基础架空层、坡地吊脚架空层不应计算面积	①建于坡地的建筑物吊脚架空层示意图如图 3—1—5 所示 ②层高在 2.20 m 及以上的吊脚架空层可以设计用来作为一个房间使用 ③深基础架空层 2.20 m 及以上层高时，可以设计用来作为安装设备或作为储藏间使用
建筑物内门厅、大厅	建筑物的门厅、大厅按一层计算建筑面积。门厅、大厅内设有回廊时，应按其结构底板水平面积计算。层高在 2.20 m 及以上者应计算全面积；层高不足 2.20 m 者应计算 1/2 面积	①“门厅、大厅内设有回廊”是指，建筑物大厅、门厅的上部（一般该大厅、门厅占两个或两个以上建筑物层高）四周向大厅、门厅、中间挑出的走廊称为回廊，如图 3—1—6 所示 ②宾馆、大会堂、教学楼等大楼内的门厅或大厅，往往占建筑物的两层或两层以上的层高，这时也只能计算一层面积 ③“层高不足 2.20 m 者应计算 1/2 面积”应该指回廊层高可能出现的情况

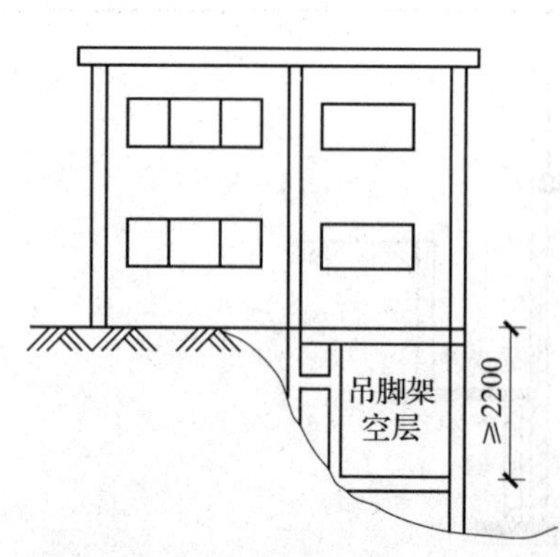

图 3—1—5　坡地建筑物吊脚架空层

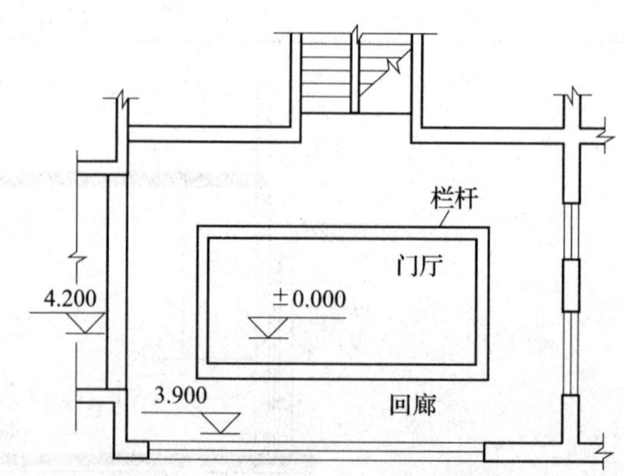

图 3—1—6　大厅、门厅内设有回廊

4. 架空走廊及立体书库建筑面积计算规则见表 3—1—4。

表 3—1—4　　架空走廊及立体书库建筑面积计算规则

建筑类型	计算规定	计算规定解读
架空走廊	建筑物间有围护结构的架空走廊，应按其围护结构外围水平面积计算。层高在 2.20 m 及以上者应计算全面积；层高不足 2.20 m 者应计算 1/2 面积。有永久性顶盖但无围护结构的应按其结构底板水平面积的 1/2 计算	架空走廊是指建筑物与建筑物之间，在两层或两层以上专门为水平交通设置的走廊。如图 3—1—7 所示
立体书库、立体仓库、立体车库	立体书库、立体仓库、立体车库，无结构层的应按一层计算；有结构层的应按其结构层面积分别计算。层高在 2.20 m 及以上者应计算全面积；层高不足 2.20 m 者应计算 1/2 面积	规范对以前的计算规则进行了修订，增加了立体车库的面积计算。立体车库、立体仓库、立体书库不规定是否有围护结构，均按是否有结构层，应区分不同的层高确定建筑面积计算的范围。见案例 3—1—2

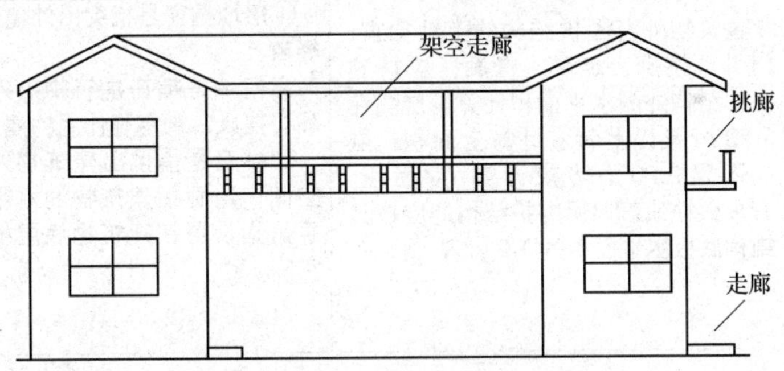

图 3—1—7　有永久性顶盖架空走廊

【案例 3—1—2】立体书库建筑面积计算（按图 3—1—8 计算）。

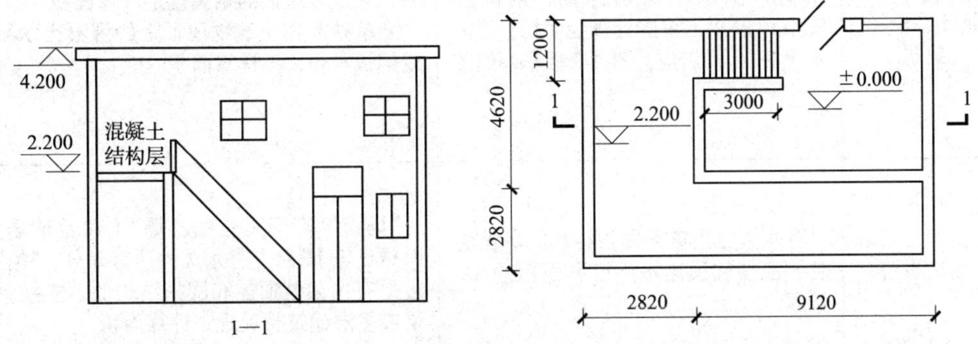

图 3—1—8　立体书库

底层建筑面积 =（2.82 + 4.62）×（2.82 + 9.12）+ 3.0×1.20

=7.44×11.94 + 3.60=92.43 m^2

结构层建筑面积 =（4.62 + 2.82 + 9.12）×2.82×0.50（层高 2 m）

= 16.56×2.82×0.50 = 23.35 m^2

5. 舞台灯光控制室及落地橱窗等项目建筑面积计算规则见表 3—1—5。

表 3—1—5　舞台灯光控制室及落地橱窗等项目建筑面积计算规则

建筑类型	计算规定	计算规定解读
舞台灯光控制室	有围护结构的舞台灯光控制室，应按其围护结构外围水平面积计算。层高在 2.20 m 及以上者应计算全面积；层高不足 2.20 m 者应计算 1/2 面积	如果舞台灯光控制室有围护结构且只有一层，那么就不能另外计算面积。因为整个舞台的面积计算已经包含了该灯光控制室的面积
落地橱窗、门斗、挑廊、走廊、檐廊	建筑物外有围护结构的落地橱窗、门斗、挑廊、走廊、檐廊，应按其围护结构外围水平面积计算。层高在 2.20 m 及以上者应计算全面积；层高不足 2.20 m 者应计算 1/2 面积。有永久性顶盖但无围护结构的应按其结构底板水平面积的 1/2 计算	①落地橱窗是指突出外墙面，根基落地的橱窗 ②门斗是指在建筑物出入口设置的起分隔、挡风、御寒等作用的建筑过渡空间 ③挑廊是指挑出建筑物外墙的水平交通空间；走廊指建筑物的水平交通空间；檐廊是指设置在建筑物底层檐下的水平交通空间
建筑物顶部楼梯间、水箱间、电梯机房	建筑物顶部有围护结构的楼梯间、水箱间、电梯机房等，按围护结构外围水平面积计算。层高在 2.20 m 及以上者应计算全面积；层高不足 2.20 m 者应计算 1/2 面积。如图 3—1—9 所示	①如遇建筑物屋顶的楼梯间是坡屋顶时，应按坡屋顶的相关规定计算面积 ②单独放在建筑物屋顶上的混凝土水箱或钢板水箱，不计算面积
场馆看台	有永久性顶盖无围护结构的场馆看台，应按其顶盖水平投影面积的 1/2 计算	“场馆”实际上是指“场”（如足球场、网球场等）看台上有永久性顶盖部分。“馆”应是有永久性顶盖和围护结构的，应按单层或多层建筑相关规定计算面积

续表

建筑类型	计算规定	计算规定解读
不垂直于水平面而超出底板外沿的建筑物	设有围护结构不垂直于水平面而超出底板外沿的建筑物，应按其底板面的外围水平面积计算。层高在2.20 m及以上者应计算全面积；层高不足2.20 m者应计算1/2面积	设有围护结构不垂直于水平面而超出地板外沿的建筑物是指向建筑物外倾斜的墙体。如图3—1—10所示。若遇有向建筑物内倾斜的墙体，应视为坡屋面，按坡屋顶的有关规定计算面积

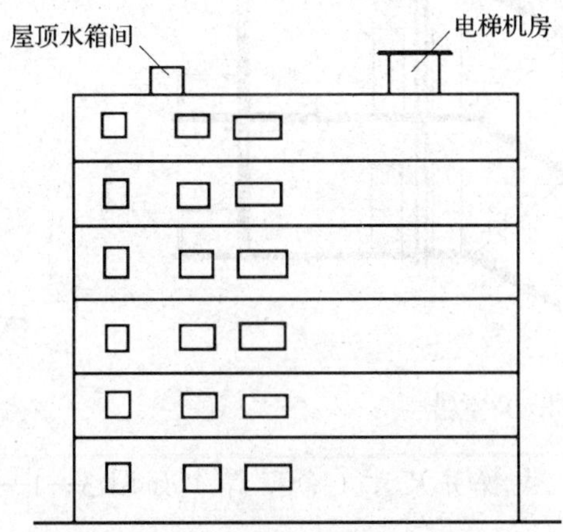

图3—1—9　建筑物屋顶水箱间、电梯机房

图3—1—10　不垂直于水平面而超出底板外沿的建筑物

6. 楼梯间、电梯井及垃圾道建筑面积计算规则见表3—1—6。

表3—1—6　楼梯间、电梯井及垃圾道建筑面积计算规则

建筑类型	计算规定	计算规定解读
室内楼梯间、电梯井、垃圾道等	建筑物内的室内楼梯间、电梯井、观光电梯井、提物井、管道井、通风排气竖井、垃圾道、附墙烟囱应按建筑物的自然层计算面积	①室内楼梯间的面积计算，应按楼梯依附的建筑物的自然层数计算，合并在建筑物面积内。若遇跃层建筑，其共用的室内楼梯应按自然层计算面积；上下两错层户室共用的室内楼梯，应选上一层的自然层计算面积。如图3—1—11所示 ②电梯井是指安装电梯用的垂直通道。见案例3—1—3 ③提物井是指图书馆提升书籍，酒店提升食物的垂直通道 ④垃圾道是指写字楼等大楼内每层设垃圾倾倒口的垂直通道 ⑤管道井是指宾馆或写字楼内集中安装给排水、采暖、消防、电线管道用的垂直通道

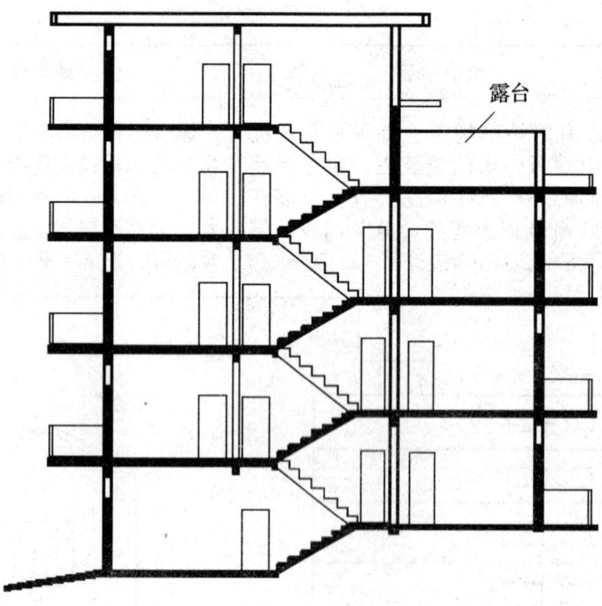

图 3—1—11　户室错层

【案例 3—1—3】某建筑物共 12 层，电梯井尺寸（含壁厚）如图 3—1—12 所示。试求电梯井面积。

解：$S=2.80\times3.40\times12=114.24\ m^2$

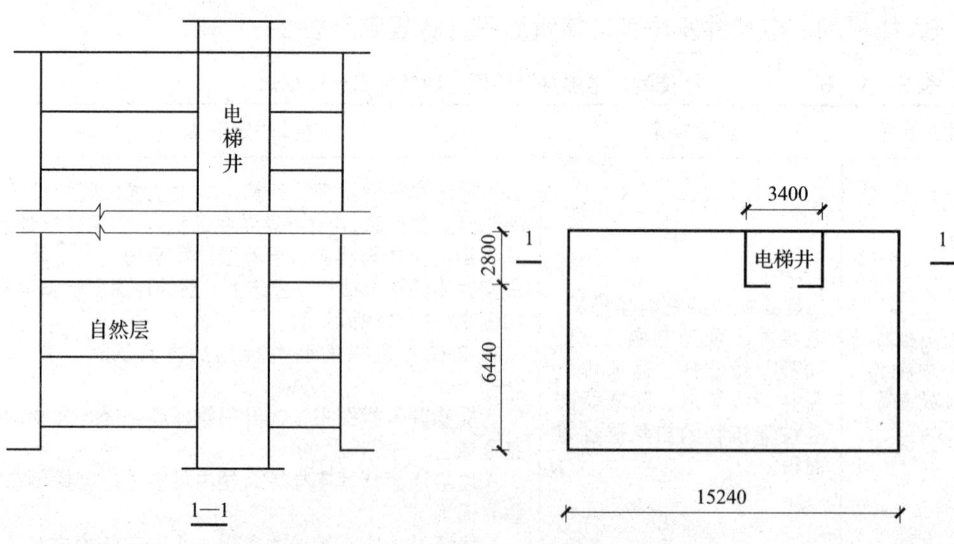

图 3—1—12　电梯井示意图

7. 阳台、雨篷及室外楼梯建筑面积计算规则见表 3—1—7。

表 3—1—7　　阳台、雨篷及室外楼梯建筑面积计算规则

建筑类型	计算规定	计算规定解读
雨篷	雨篷结构的外边线至外墙结构外边线的宽度超过 2.10 m 者，应按雨篷结构板的水平投影面积的 1/2 计算面积。如图 3—1—13 所示	雨篷均以其宽度超过 2.10 m 或不超过 2.10 m 划分。超过者按雨篷结构板水平投影面积的 1/2 计算；不超过者不计算。上述规定不管雨篷是否有柱或无柱，计算应一致
室外楼梯	有永久性顶盖的室外楼梯，应按建筑物自然层的水平投影面积的 1/2 计算	室外楼梯，最上层楼梯无永久性顶盖或不能完全遮盖楼梯的雨篷，上层楼梯不计算面积；上层楼梯可视为下层楼梯的永久性顶盖，下层楼梯应计算面积
阳台	建筑物的阳台均应按其水平投影面积的 1/2 计算建筑面积	建筑物的阳台，不论是凹阳台、挑阳台、封闭阳台均按其水平投影面积的 1/2 计算建筑面积

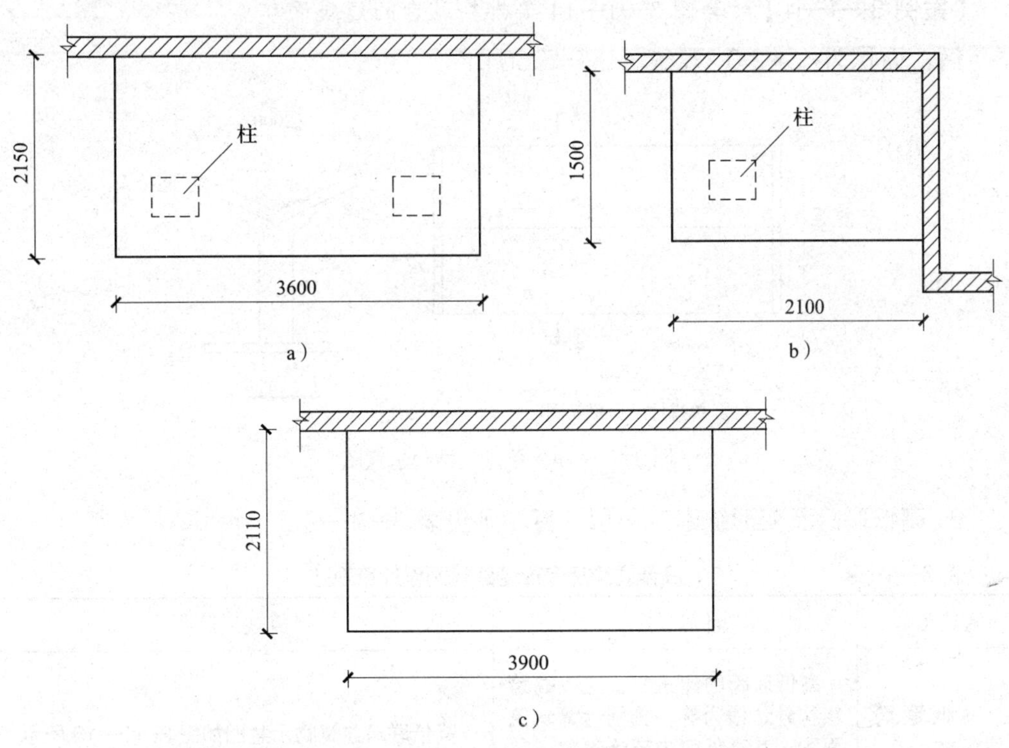

图 3—1—13　有柱的雨篷、无柱的雨篷、独立柱的雨篷
a）计算 1/2 面积　b）不计算面积　c）无柱雨篷平面图（计算 1/2 面积）

8. 车货棚、幕墙及外墙保温建筑面积计算规则见表 3—1—8。

表 3—1—8　　车货棚、幕墙及外墙保温建筑面积计算规则

建筑类型	计算规定	计算规定解读
车棚、货棚、站台、加油站、收费站等	有永久性顶盖无围护结构的车棚、货棚、站台、加油站、收费站等，应按其顶盖水平投影面积的 1/2 计算建筑面积。见案例 3—1—4	①车棚、货棚、站台、加油站、收费站等的面积计算，不以柱（直立柱、正 V 形、倒 Λ 形等）来确定面积，而依据顶盖的水平投影面积计算面积 ②在车棚、货棚、站台、加油站、收费站内设有带围护结构的管理房间、休息室等，应另按有关规定计算面积
以幕墙作为围护结构的建筑物	以幕墙作为围护结构的建筑物，应按幕墙外边线计算建筑面积	围护性幕墙是指直接作为外墙起围护作用的幕墙
建筑物外墙外侧有保温隔热层	建筑物外墙外侧有保温隔热层的，应按保温隔热层外边线计算建筑面积	保温隔热层的厚度应计入建筑面积

【案例 3—1—4】计算图 3—1—14 单排柱站台的建筑面积。

解：面积为：$S=2.0\times5.50\times0.5=5.50\ m^2$

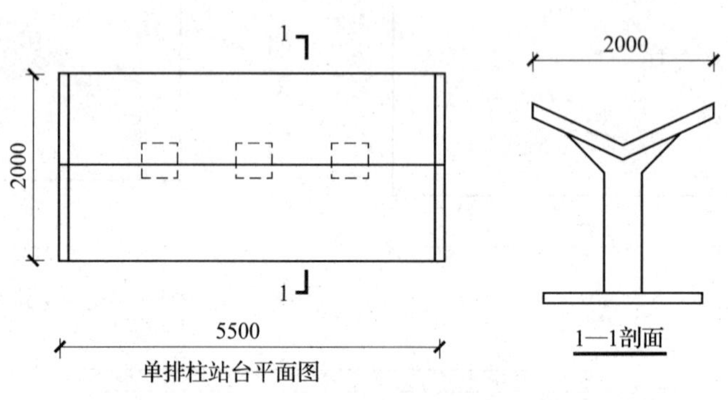

图 3—1—14　单排柱站台示意图

9. 高低联跨及变形缝建筑面积计算规则见表 3—1—9。

表 3—1—9　　高低联跨及变形缝建筑面积计算规则

建筑类型	计算规定	计算规定解读
高低联跨建筑物	高低联跨的建筑物，应以高跨结构外边线为界，分别计算建筑面积；其高低跨内部连通时，其变形缝应计算在低跨面积内	高低联跨建筑物示意图如图 3—1—15 所示

续表

建筑类型	计算规定	计算规定解读
建筑物内的变形缝	建筑物内的变形缝，应按其自然层合并在建筑面积内计算	本条规定所指建筑物内的变形缝是与建筑物相连通的变形缝，即暴露在建筑物内，可以看得见的变形缝。如图 3—1—16 所示

【案例 3—1—5】如图 3—1—15 所示，当建筑物长为 L 时，试计算建筑面积。

解：$S_{高1}=b_1\times L$（b_1 算至高跨结构处边线）

$S_{高2}=b_4\times L$（b_4 算至高跨结构处边线）

$S_{低1}=b_2\times L$

$S_{低2}=(b_3+b_5)\times L$

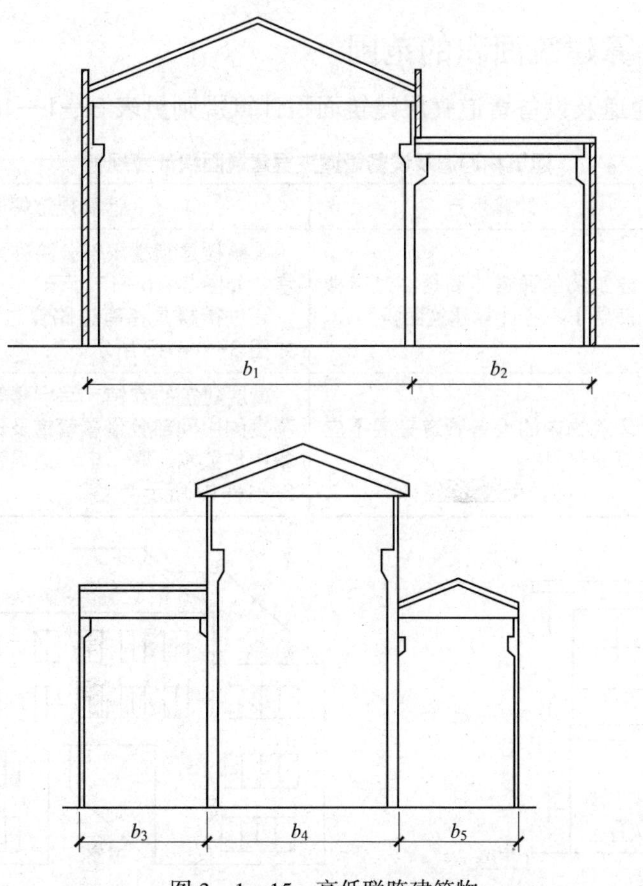

图 3—1—15　高低联跨建筑物

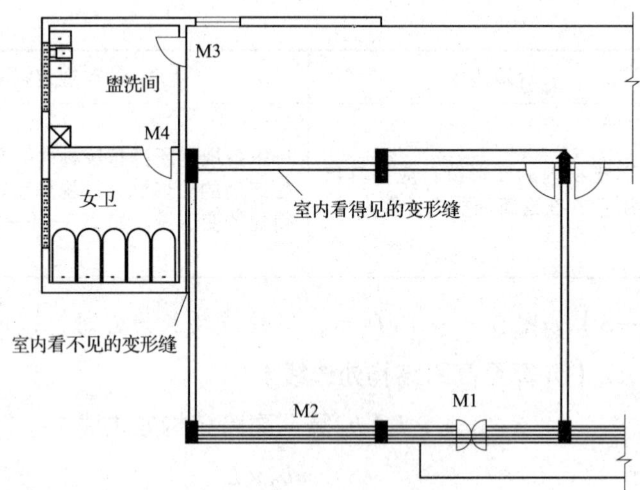

图 3—1—16　室内看得见的变形缝

四、不计算建筑面积的范围

1. 建筑物通道及设备管道夹层建筑面积计算规则见表 3—1—10。

表 3—1—10　　建筑物通道及设备管道夹层建筑面积计算规则

建筑类型	计算规定	计算规定解读
建筑物通道	建筑物的通道（骑楼、过街楼的底层）不应计算建筑面积	①骑楼是指楼层部分跨在人行道上的临街楼房。如图 3—1—17 所示 ②过街楼是指有道路穿过建筑空间的楼房。如图 3—1—18 所示
设备管道夹层	建筑物内的设备管道夹层不应计算建筑面积	高层建筑的宾馆、写字楼等，通常在建筑物高度的中间部分设置管道及设备层，主要用于集中放置水、暖、电、通风管道及设备。如图 3—1—19 所示

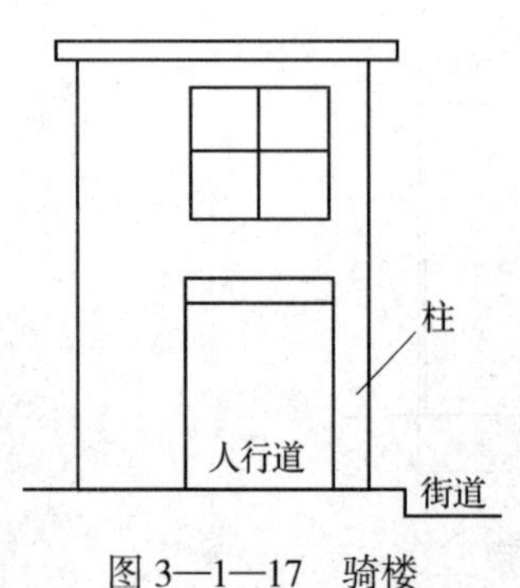

图 3—1—17　骑楼

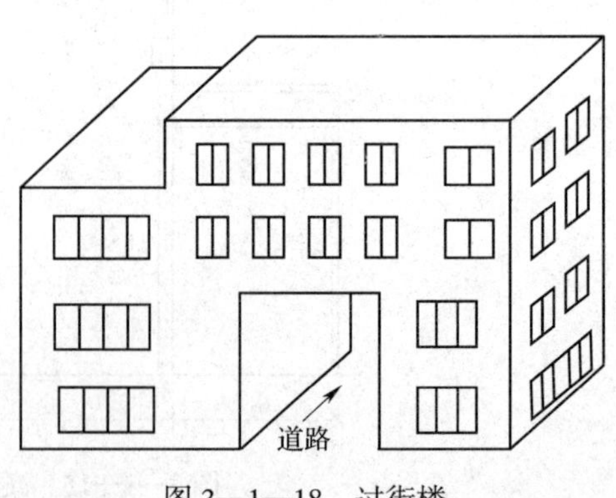

图 3—1—18　过街楼

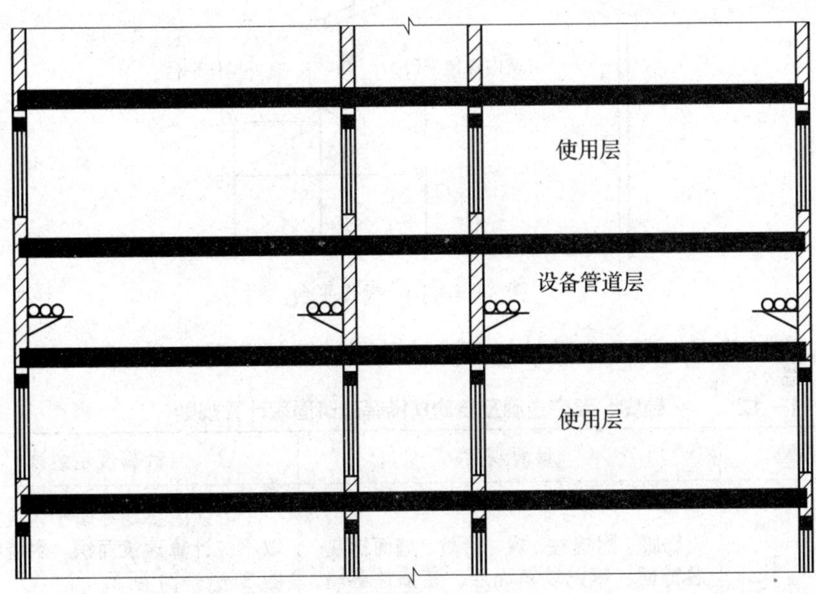

图 3—1—19　设备管道层

2. 舞台、花架及上料平台等建筑面积计算规则见表 3—1—11。

表 3—1—11　　舞台、花架及上料平台等建筑面积计算规则

建筑类型	计算规定	计算规定解读
建筑物内单层房间、舞台及天桥等	建筑物内分隔的单层房间，舞台及后台悬挂幕布、布景的天桥、挑台等不应计算建筑面积	这些面积已包含在所属建筑物面积内
屋顶花架、露天游泳池等	屋顶水箱、花架、凉棚、露台、露天游泳池等不应计算建筑面积	
操作、上料平台等	建筑物内的操作平台、上料平台、安装箱和罐体的平台不应计算建筑面积	建筑物外的操作平台、上料平台等应该按有关规定确定是否应计算建筑面积。如图 3—1—20 所示

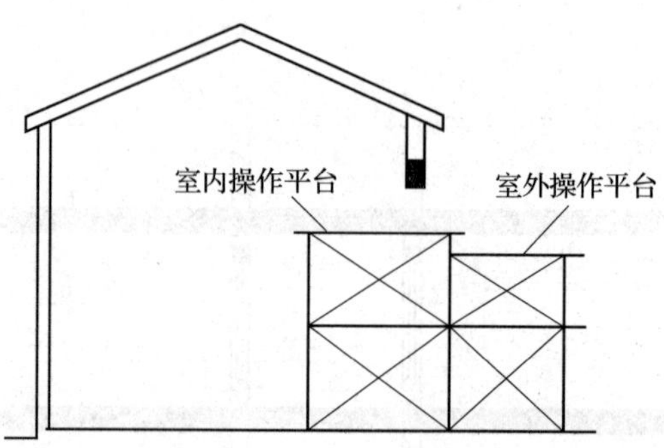

图 3—1—20　操作平台

3. 勒脚、架空走廊及自动扶梯等建筑面积计算规则见表 3—1—12。

表 3—1—12　　勒脚、架空走廊及自动扶梯等建筑面积计算规则

建筑类型	计算规定	计算规定解读
勒脚、附墙柱、垛等	勒脚、附墙柱、垛、台阶、墙面抹灰、装饰面、镶贴块料面层、装饰性幕墙、空调机外机搁板（箱）、飘窗、构件、配件、挑出宽度在 2.10 m 以内的无柱雨篷及与建筑物内不相连的装饰性阳台、挑廊等不应计算建筑面积	①上述内容均不属于建筑结构，所以不应计算建筑面积。附墙柱、垛如图 3—1—21 所示 ②飘窗是指为房间采光和美化造型而设置的突出外墙的窗。如图 3—1—22 所示 ③装饰性阳台、挑廊指人不能在其中间活动的空间
室外爬梯、室外专用消防钢楼梯	室外楼梯和用于检修、消防等室外钢楼梯、爬梯不应计算建筑面积	室外检修钢爬梯如图 3—1—23 所示
无围护结构的观光电梯	无围护结构的观光电梯，不应计算建筑面积	电梯属于设备，为此，不应计算建筑面积

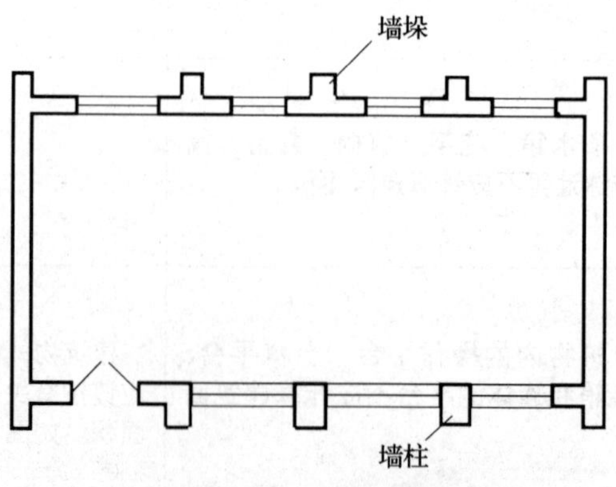

图 3—1—21　附墙柱、垛

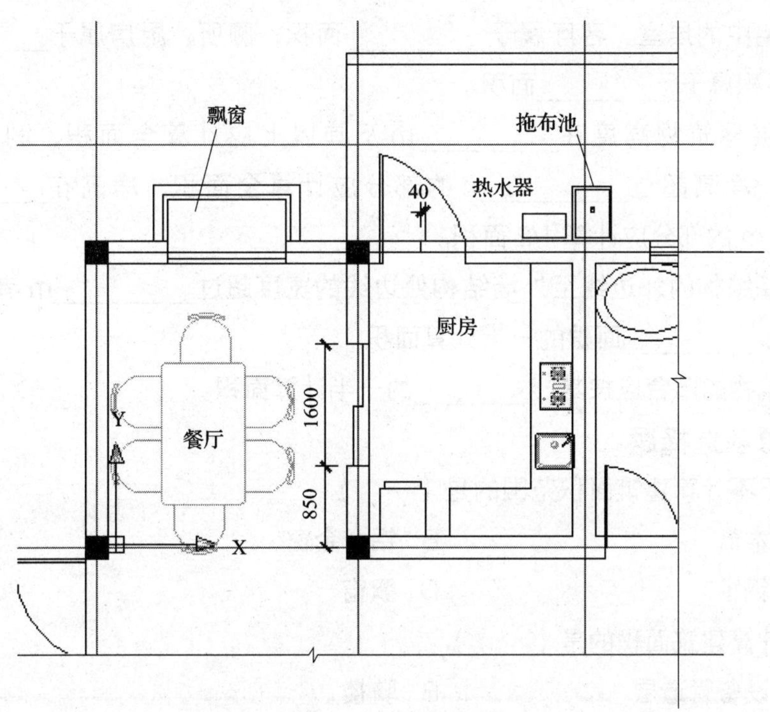

图 3—1—22　飘窗

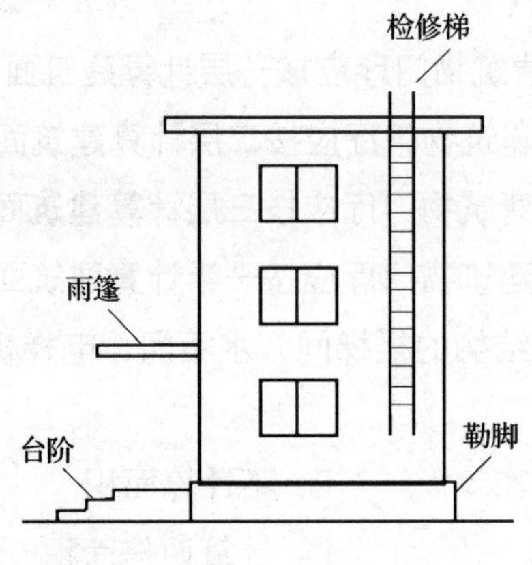

图 3—1—23　室外检修钢爬梯

思考与练习

一、填空题

1. 建筑面积是建筑物各层面积的__________，是建筑物的__________面积。

2. 建筑面积包括__________、__________和__________三部分。

3. 住宅中的居室、客厅属于________面积；厕所、厨房属于________面积；墙柱面积属于________面积。

4. 单层建筑物高度在________m及其以上应计算全面积，利用坡屋顶内空间时，净高超过________m的部分应计算全面积，净高在________～________m的部分应计算1/2面积。

5. 雨篷结构的外边线至外墙结构处边线的宽度超过________m者，应按雨篷结构板的________面积的一半计算面积。

6. 建筑物的阳台应按其________的一半计算面积。

二、单项选择题

1. 属于不计算建筑面积范围的是（　　）。

A. 木窗　　B. 铝合金窗

C. 钢窗　　D. 飘窗

2. 应计算建筑面积的是（　　）。

A. 设备管道层　　B. 骑楼

C. 过街楼　　D. 建筑物使用层，层高为2.3 m

3. 下列说法正确的是（　　）。

A. 层高为6 m的建筑物门厅应按一层计算建筑面积

B. 层高为6 m的建筑物门厅应按二层计算建筑面积

C. 层高为6 m的建筑物门厅应按三层计算建筑面积

D. 层高为6 m的建筑物门厅应按一半计算建筑面积

4. 建筑物顶部有围护结构的楼梯间、水箱间、电梯机房等，层高在2.20 m及以上者应（　　）。

A. 计算全面积　　B. 不计算面积

C. 计算1/2面积　　D. 计算两倍面积

5. 雨篷结构的外边线至外墙结构外边线的宽度小于2.1 m则应（　　）。

A. 不计算建筑面积　　B. 计算全面积

C. 计算1/2面积　　D. 有柱的计算1/2面积，无柱的不计算面积

6. 关于阳台建筑面积计算，下列说法正确的是（　　）。

A. 挑阳台计算全面积，凹阳台计算1/2面积

B. 封闭阳台计算全面积，不封闭阳台计算 1/2 面积

C. 不论凹阳台、挑阳台、封闭阳台均按其水平投影面积的一半计算建筑面积

D. 不论凹阳台、挑阳台、封闭阳台均按其水平投影面积计算建筑面积

三、简答题

1. 简述多层建筑物的建筑面积计算规则。
2. 地下室和半地下室应怎样计算建筑面积?
3. 门厅、大厅内设有回廊时，应怎样计算回廊的建筑面积?
4. 怎样计算室外楼梯的建筑面积?

第二节　楼地面工程量计算及定额应用

学习目标

1. 掌握整体面层工程量计算规则。
2. 掌握块料面层工程量计算规则。

一、工程量计算规则

楼地面工程量计算规则见表 3—2—1。

表 3—2—1　　楼地面工程量计算规则

分项工程名称	工程量计算规则	计算规则解读
楼地面找平层和整体面层	均按主墙间净面积以 m^2 计算，计算时应扣除凸出地面的构筑物、设备基础、室内铁道、室内地沟等所占面积，不扣除柱、垛、间壁墙、附墙烟囱及面积在 0.3 m^2 以内的孔洞所占面积，但门洞、空圈、暖气包槽、壁龛的开口部分不增加面积	楼地面找平层和整体面层工程量 = 主墙间净长度 × 主墙间净宽度 − 构筑物等所占面积

续表

分项工程名称	工程量计算规则	计算规则解读
楼、地面块料面层	按设计图示尺寸实铺面积以 m^2 计算。门洞、空圈、暖气包槽和壁龛的开口部分的工程量并入相应的面层内计算	楼地面块料面层工程量 = 净长度 × 净宽度 − 不做面层面积 + 增加其他面积
楼梯面层（包括踏步及最后一级踏步宽、休息平台、小于 500 mm 宽的楼梯井）	按水平投影面积计算	通常情况下，①当楼梯井宽度≤ 500 mm 时：楼梯工程量 = 楼梯间净宽 ×（休息平台宽 + 踏步宽 × 步数）×（楼层数 −1） ②当楼梯井宽度 > 500 mm 时：楼梯工程量 =［楼梯间净宽 ×（休息平台宽 + 踏步宽 × 步数）−（楼梯井宽 −0.5）× 楼梯井长］×（楼层数 −1）
台阶面层（包括踏步及最上一层一个踏步宽）	按水平投影面积计算。其余平台部分按地面有关项目计算	台阶工程量 = 台阶长 × 踏步宽 × 步数
踢脚板（线）	根据设计做法，以定额单位的 m^2 或 m 计算工程量	踢脚线工程量 = 踢脚线净长度 × 高度　或：踢脚线工程量 = 踢脚线净长度
防滑条、地面分格嵌条	按设计尺寸以延长米计算	防滑条是防止滑跌而在楼梯踏面做的一种防滑措施

二、工程量计算及定额应用

【案例 3—2—1】某商店平面如图 3—2—1 所示，地面做法：C20 细石混凝土找平层 60 mm 厚，1:2.5 白水泥色石子水磨石面层 20 mm 厚，15 mm×2 mm 铜条分隔，距墙柱边 200 mm 范围内按纵横 1 m 宽分格。计算地面工程量，确定省价直接工程费。

分析：根据工程量计算规则，找平层和水磨石整体面层的工程量均应按房间的净面积计算，分割所用的铜条，等于铜条每根长度乘以根数，根数计算时，采用收尾法，即不足一根的按一根计。

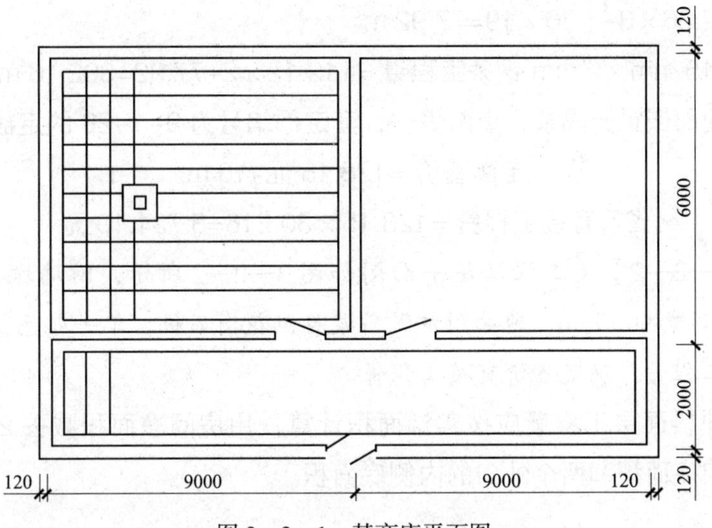

图 3—2—1　某商店平面图

解：①找平层工程量 =（9.0 － 0.24）×（6 － 0.24）×2 +（9.0×2 － 0.24）×（2 － 0.24）=132.17 m^2

C20 细石混凝土找平层 60 mm 厚，查附表一，套定额编号为 9-1-4 和 9-1-5 的定额子目。

定额基价 =159.02+19.96×4=238.86 元 /10 m^2

省价直接工程费 =238.86×13.217=3 157.01 元

②白水泥色石子水磨石面层（20 mm 厚）工程量 =（9.0–0.24）×（6–0.24）×2 +（9.0×2–0.24）×（2–0.24）=132.17 m^2

白水泥色石子水磨石地面（20 mm 厚）查附表一，套定额编号为 9-1-16 和 9-1-22 的定额子目。

定额基价 =542.05+45.87=587.92 元 /10 m^2

省价直接工程费 =587.92×13.217=7 770.54 元

③ 15 mm×2 mm 铜条单间总长度 =（9.00–0.24–0.2–0.2）×［（6.00–0.24–0.2–0.2）÷1.00+1］ +（6.00–0.24–0.2–0.2）×［（9.00–0.24–0.2–0.2）÷1.00+1］=8.36×7+5.36×10=112.12 m

15 mm×2 mm 铜条走廊总长度 =（9.00×2–0.24–0.2–0.2）×［（2–0.24–0.2–0.2）÷1.00+1］ +（2–0.24–0.2–0.2）×［（9.00×2–0.24–0.2–0.2）÷

1.00+1] =17.36 × 3+1.36 × 19=77.92 m

15 mm × 2 mm 铜条工程量 =112.12 × 2+77.92=302.16 m

水磨石地面嵌铜分隔条，查附表一，套定额编号为 9-1-28 的定额子目。

定额基价 =123.15 元 /10 m

省价直接工程费 =123.15 × 30.216=3 721.10 元

【案例 3—2—2】某工程房屋平面图如图 3—2—2 所示，附墙垛为 240 mm × 240 mm，门洞宽 900 mm，地面用水泥砂浆粘贴花岗石板，单一颜色，边界到门扇下面。计算工程量，确定省价直接工程费。

分析：块料面层工程量应按实铺面积计算，用房间净面积减去 2 个垛所占面积，加上内门底面积和两个外门的内侧底面积。

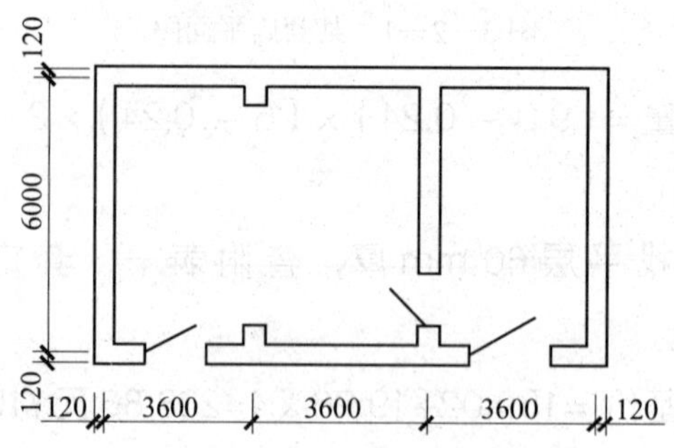

图 3—2—2　某工程房屋平面图

解：花岗石板地面工程量 = (3.6 × 3−0.24 × 2) × (6−0.24) −0.24 × 0.24 × 2+ 0.9 × 0.24+0.9 × 0.12 × 2=59.76 m^2

地面水泥砂浆粘贴花岗石板 (不分色)，查附表一，套定额编号为 9-1-51 的定额子目。

定额基价 =2 215.98 元 /10 m^2

省价直接工程费 =2 215.98 × 5.976=13 242.70 元

【案例 3—2—3】某二层楼房，双跑楼梯平面如图 3—2—3 所示，顶面铺花岗石板（未考虑防滑条），水泥砂浆粘贴，计算工程量，确定省价直接工程费。

分析：根据工程量计算规则，楼梯面层工程量应按水平投影面积计算，注意别漏掉最后一步，踏步宽 0.3 m。

解：花岗石板楼梯工程量 = (0.3+3.0+1.5−0.12) × (3.6−0.24) =15.72 m^2

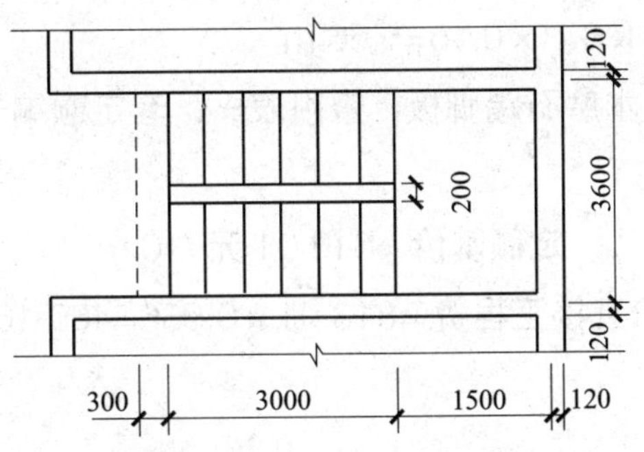

图 3—2—3　双跑楼梯平面图

楼梯水泥砂浆粘贴花岗石板，查附表一，套定额编号为 9-1-57 的定额子目。

定额基价 =3 322.73 元 /10 m^2

省价直接工程费 =3 322.73×1.572=5 223.33 元

【案例 3—2—4】某房屋平面如图 3—2—4 所示，室内水泥砂浆粘贴 150 mm 高预制水磨石踢脚板。计算工程量，确定省价直接工程费。

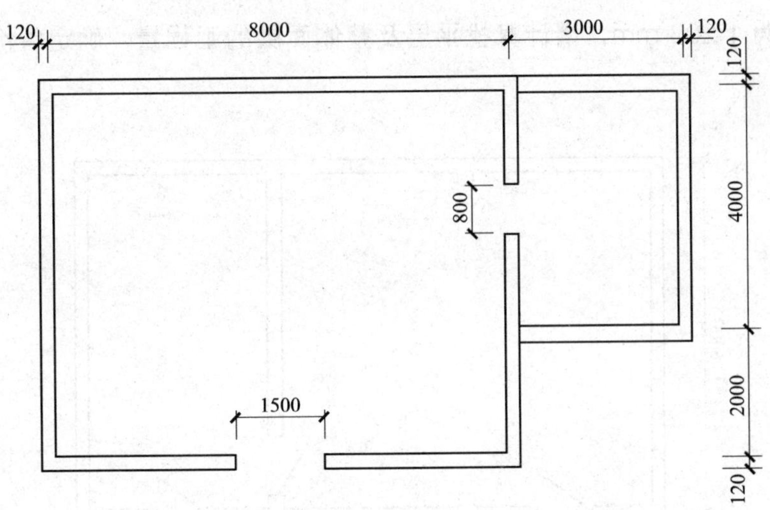

图 3—2—4　某房屋平面图

分析：踢脚板净面积等于踢脚板净长度乘以踢脚板高度，而踢脚板净长度等于房间内周长减去外门的长度和内门长度，增加内外门侧面长度（6 个侧面，外门增加 0.12 m×2，内门增加 0.12 m×4）。

解：踢脚板工程量 =［（8.00−0.24+6.00−0.24）×2+（4.00−0.24+3.00−0.24）×

2-1.50-0.80×2+0.12×6］×0.15=5.66 m²

水泥砂浆粘贴预制水磨石踢脚板，查附表一，套定额编号为 9-1-76 的定额子目。

定额基价 =813.01 元 /10 m²

省价直接工程费 =813.01×0.566=460.16 元

思考与练习

一、简答题

1. 楼地面找平层和整体面层的工程量计算规则是什么?

2. 计算楼地面块料面层工程量与整体面层有什么区别?

3. 怎样计算踢脚线的工程量?

二、计算题

1. 某工程平面如图 3—2—5 所示，地面做法：C20 细石混凝土找平层 40 mm 厚，水泥砂浆整体面层 20 mm 厚，附墙垛为 240 mm×240 mm，所有门的宽度均为 1 200 mm，请计算找平层及整体面层的工程量，确定省价直接工程费。

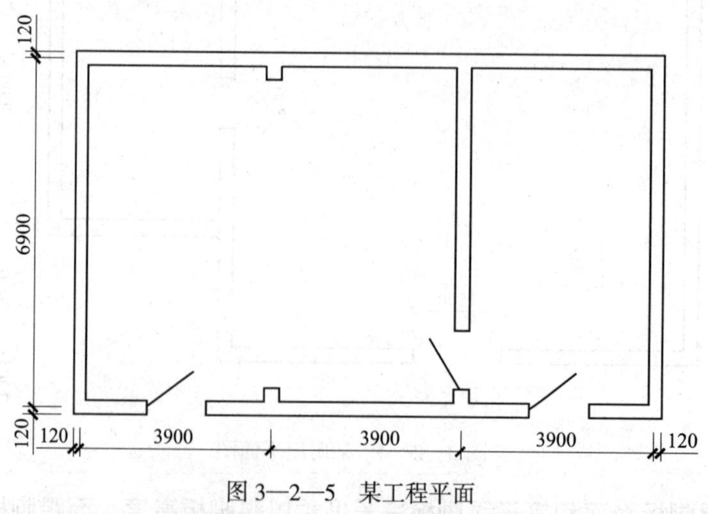

图 3—2—5　某工程平面

2. 某工程平面图如图 3—2—5 所示，附墙垛为 240 mm×240 mm，门洞宽 1 200 mm，地面用水泥砂浆粘贴大理石，不分色，边界到门扇下面，请计算大理石地面工程量，确定省价直接工程费。

第三节　墙柱面工程量计算及定额应用

学习目标

1. 掌握内墙抹灰工程量计算。
2. 掌握块料面层工程量计算规则。

一、内墙抹灰工程

1. 工程量计算规则（见表 3—3—1）

表 3—3—1　内墙抹灰工程量计算规则

分项工程	计算规则	计算规则解读
内墙抹灰	以 m^2 计算。计算时应扣除门窗洞口和空圈所占的面积，不扣除踢脚线、挂镜线、单个面积在 0.3 m^2 以内的孔洞和墙与构件交接处的面积，洞侧壁和顶面也不增加。墙垛和附墙烟囱侧壁面积与内墙抹灰工程量合并计算	内墙面抹灰的长度，以主墙间的图示净长尺寸计算。其中"主墙"一般是指在结构上起承重作用和功能性隔断的墙体（轻体隔断墙、间壁墙除外）。其高度确定如下： （1）无墙裙的，其高度按室内地面或楼面至顶棚底面之间距离计算。 （2）有墙裙的，其高度按墙裙顶至顶棚底面之间距离计算。 （3）有顶棚的，其高度至顶棚底面另加 100 mm 计算。 内墙抹灰工程量 = 主墙间净长度 × 墙面高度 − 门窗等面积 + 垛的侧面抹灰面积
内墙裙抹灰面积	按内墙净长乘以高度计算（扣除或不扣除内容同内墙抹灰）	内墙裙抹灰工程量 = 主墙间净长度 × 墙裙高度 − 门窗所占面积 + 垛的侧面抹灰面积
柱抹灰	按结构断面周长乘以设计柱抹灰高度以 m^2 计算	柱抹灰工程量 = 柱结构断面周长 × 设计柱抹灰高度

2. 案例应用

【案例 3—3—1】某砖混结构工程如图 3—3—1 所示，内墙面抹 1∶2 水泥砂浆打底，1∶3 石灰砂浆找平层，麻刀石灰浆面层，共 18 mm 厚。内墙裙采用 1∶3 水泥砂浆打底（19 mm 厚），1∶2.5 水泥砂浆面层（6 mm 厚）。门的尺寸为 1 200 mm×

2 700 mm，窗为 1 500 mm×1 800 mm。计算内墙面抹灰工程量，确定省价直接工程费。

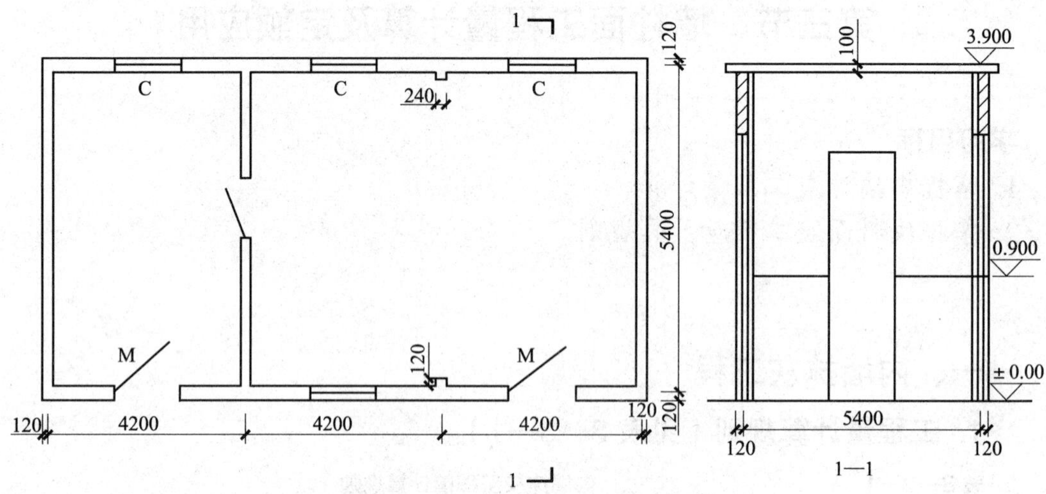

图 3—3—1　某砖混结构工程

分析：内墙面抹灰工程量按主墙间净长度乘以高度计算，计算长度时，应将垛的侧面 120 mm 并入。外墙粉一面，内墙粉双面。

解：①内墙面抹灰工程量 =［(4.20×3−0.24×2+0.12×2)×2+(5.40−0.24)×4］×(3.90−0.10−0.90)−1.20×(2.70−0.90)×4−1.50×1.80×4=112.10 m^2

石灰砂浆砖墙面抹灰三遍（18 mm 厚），查附表二，套定额编号为 9-2-5 的定额子目。

定额基价 =123.31 元 /10 m^2

所以，省价直接工程费 =123.31×11.210=1 382.31 元

②内墙裙工程量 =［(4.20×3−0.24×2+0.12×2)×2+(5.40−0.24)×4−1.20×4］×0.90=36.50 m^2

砖墙裙抹 14 mm+6 mm 厚水泥砂浆，查附表二，套定额编号为 9-2-20 的定额子目。

定额基价 =136.63 元 /10 m^2

抹灰层 1∶3 水泥砂浆每增 1 mm 厚，查附表二，套定额编号为 9-2-54 的定额子目。

定额基价 =5.12×5=25.60 元 /10 m^2

所以，省价直接工程费 =(136.63+25.6)×3.650=592.14 元

二、外墙一般抹灰工程

1. 工程量计算规则，见表 3—3—2

表 3—3—2　　外墙一般抹灰工程量计算规则

分项工程	计算规则	计算规则解读
外墙抹灰面积	按设计外墙抹灰的垂直投影面积以 m^2 计算。计算时应扣除门窗洞口、外墙裙和单个面积大于 0.3 m^2 孔洞所占面积，洞口侧壁面积不另增加。附墙垛、梁、柱侧面抹灰面积并入外墙面工程量内计算	外墙抹灰工程量 = 外墙面长度 × 墙面高度 − 门窗等面积 + 垛、梁、柱的侧面抹灰面积
外墙裙抹灰面积	按其长度乘以高度计算（扣除或不扣除内容同外墙抹灰）	外墙裙抹灰工程量 = 外墙面长度 × 墙裙高度 − 门窗所占面积 + 垛、梁、柱侧面抹灰面积
其他抹灰	展开宽度在 300 mm 以内者，按延长米计算，展开宽度超过 300 mm 以上时，按图示尺寸的展开面积计算	其他抹灰工程量 = 展开宽度在 300 mm 以内的实际长度 或：其他抹灰工程量 = 展开宽度在 300 mm 以上的实际面积
栏板、栏杆（包括立柱、扶手或压顶等）	设计抹灰做法相同时，抹灰按垂直投影面积以 m^2 计算。设计抹灰做法不同时，按其他抹灰规定计算	栏板、栏杆工程量 = 栏板、栏杆长度 × 栏板、栏杆抹灰高度
墙面勾缝	按设计勾缝墙面的垂直投影面积计算。不扣除门窗洞口、门窗套、腰线等零星抹灰所占的面积，附墙柱和门窗洞口侧面的勾缝面积也不增加。独立柱、房上烟囱勾缝，按图示尺寸以 m^2 计算	墙面勾缝工程量 = 墙面长度 × 墙面高度

2. 案例应用

【案例 3—3—2】某砖混结构工程如图 3—3—2 所示，外墙面抹水泥砂浆，底层为 1∶3 水泥砂浆打底 14 mm 厚，面层为 1∶2.5 水泥砂浆抹面 6 mm 厚，外墙裙水刷石，1∶3 水泥砂浆打底 12 mm 厚，素水泥浆两遍，1∶1.5 水泥白石子 10 mm 厚。门的尺寸为 1 000 mm×2 500 mm，窗的尺寸为 1 200 mm×1 500 mm。计算外墙面抹灰和外墙裙装饰抹灰工程量，确定省价直接工程费。

分析：外墙面抹灰应按其垂直投影面积计算，即外墙外边线长度乘以抹灰高度，再扣减门窗洞口面积。

解：①外墙面水泥砂浆工程量 =（6.48+4.24）×2×（3.9−0.10−0.90）−1.00×（2.50−0.90）−1.20×1.50×5=51.58 m^2

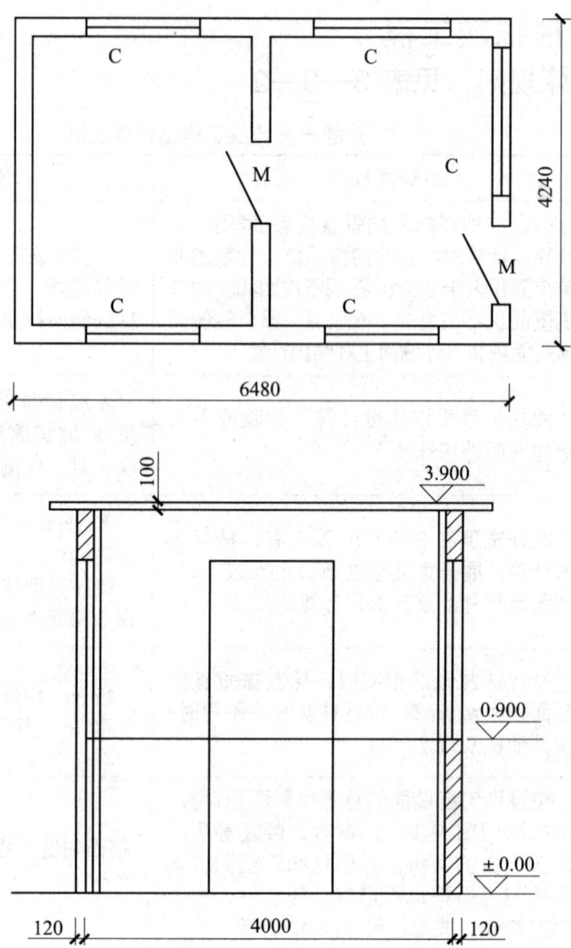

图 3—3—2　某砖混结构工程

查附表二，套定额编号为 9—2—20 的定额子目。

基价 =136.63 元 /10 m²

省价直接工程费 =136.63×5.158=704.74 元

②外墙裙水刷白石子工程量 =［(6.48+4.24)×2−1.00］×0.90=18.40 m²

砖墙面水刷白石子 12 mm+10 mm 厚，查附表二，套定额编号为 9-2-74 的定额子目。

基价 =313.36 元 /10 m²

省价直接工程费 =313.36×1.840=576.58 元

③素水泥浆工程量 =［(6.48+4.24)×2−1.00］×0.90=18.40 m² 每增一遍素

水泥浆（无 108 胶），查附表二，套定额编号为 9-2-112 的定额子目。

基价 =11.76 元 /10 m^2

省价直接工程费 =11.76×1.840=21.64 元

④分格嵌缝工程量 =［（6.48+4.24）×2-1.00］×0.90=18.40 m^2 分格嵌缝，查附表二，套定额编号为 9-2-110 的定额子目。

基价 =30.74 元 /10 m^2

省价直接工程费 =30.74×1.840=56.56 元

三、块料面层工程量

1. 工程量计算规则，见表 3—3—3。

表 3—3—3　块料面层工程量计算规则

分项工程	计算规则	计算规则解读
墙面贴块料面层	按图示尺寸的实贴面积计算	墙面贴块料工程量 = 图示长度 × 装饰高度
柱面贴块料面层	按块料外围周长乘以装饰高度以 m^2 计算	柱面贴块料工程量 = 柱装饰块料外围周长 × 装饰高度

2. 案例应用

【案例 3—3—3】某单位大门砖柱 4 根，砖柱块料外围尺寸如图 3—3—3 所示，面层水泥砂浆贴陶瓷马赛克。计算工程量，确定省价直接工程费。

分析：柱面块料外围尺寸为（0.6+1.0）×2=3.2 m，柱高为 2.2 m，两者相乘，即为柱子块料面层工程量，压顶面及柱角四周立面粘贴长度按外边线计算。平面部位粘贴长度应按中心线长度计算，即（0.68+1.08）×2=3.52 m。

解：①柱面工程量 =（0.6+1.0）×2×2.2×4=28.16 m^2，方柱面水泥砂浆粘贴陶瓷马赛克，查附表二，套定额编号为 9-2-161 的定额子目。

定额基价 =912.99 元 /10 m^2

省价直接工程费 =912.99×2.816=2 570.98 元

②压顶及柱角工程量 =［（0.76+1.16）×2×0.2+（0.68+1.08）×2×0.08］×2×4=8.40 m^2，压顶及柱角水泥砂浆粘贴陶瓷马赛克，查附表二，套定额编号为 9-2-162 的定额子目。

定额基价 =1 073.07 元 /10 m^2

省价直接工程费 =1 073.07×0.84=901.38 元

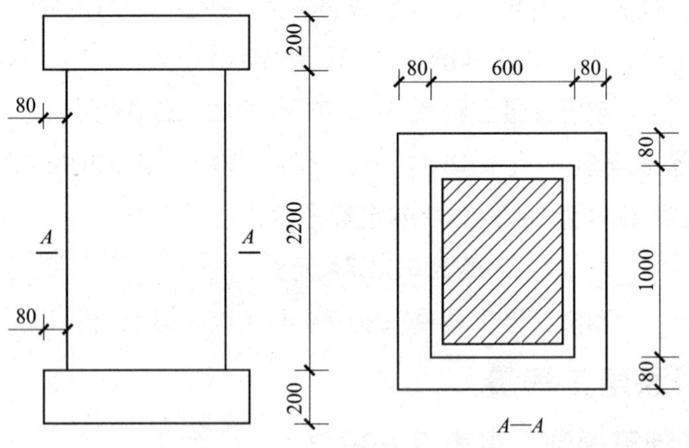

图 3—3—3　柱立面图及 *A—A* 剖面图

【案例 3—3—4】某变电室外墙面尺寸如图 3—3—4 所示，M：1 500 mm×2 000 mm；C1：1 500 mm×1 500 mm；C2：1 200 mm×800 mm；门窗侧面宽度 100 mm，外墙水泥砂浆粘贴 194 mm×94 mm 瓷质外墙砖，灰缝 5 mm。计算工程量，确定定额项目。

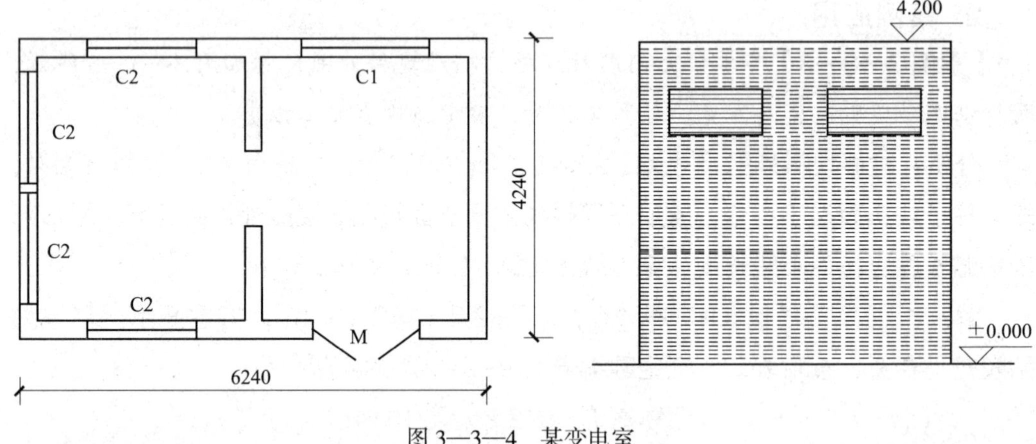

图 3—3—4　某变电室

分析：外墙面工程量等于外墙外边线长度乘以外墙高度，再扣减门窗洞口面积，增加门窗侧面贴砖面积，门按一顶两边，窗按四周计算侧面粘贴长度。

解：外墙面砖工程量 =（6.24+4.24）×2×4.20–（1.50×2.00）–（1.50×1.50）–（1.20×0.80）×4+［1.50+2.0×2+1.50×4+（1.20+0.80）×2×4］×0.10=81.69 m²

外墙面水泥砂浆粘贴（规格 194 mm×94 mm，灰缝 5 mm）瓷质外墙砖，查

附表二，套定额编号为 9-2-216 的定额子目。

定额基价 =1 146.24 元 /10 m^2

四、墙、柱饰面、隔断、幕墙工程

1. 工程量计算规则，见表 3—3—4。

表 3—3—4　墙、柱饰面、隔断、幕墙工程量计算规则

分项工程	计算规则	计算规则解读
墙、柱饰面龙骨	按图示尺寸长度乘以高度，以 m^2 计算。定额龙骨按附墙、附柱考虑，若遇其他情况时，按下列规定乘以系数处理： （1）设计龙骨外挑时，其相应定额项目乘以系数 1.15； （2）设计木龙骨包圆柱，其相应定额项目乘以系数 1.18； （3）设计金属龙骨包圆柱，其相应定额项目乘以系数 1.20	墙、柱饰面龙骨工程量 = 图示长度 × 高度 × 系数，本条规则及相应系数，各省定额不尽相同，可参阅本地定额的相关规定
墙、柱饰面基层板、造型层	按图示尺寸（实铺）面积，以 m^2 计算。面层按展开面积，以 m^2 计算	墙、柱饰面基层面层工程量 = 图示长度 × 高度
木间壁、隔断	按图示尺寸长度乘以高度，以 m^2 计算。有门窗者，扣除门窗面积，门窗扇执行其他章节有关规定	木间壁、隔断工程量 = 图示长度 × 高度 − 门窗面积
玻璃间壁、隔断	按上横档顶面至下横档底面之间的图示尺寸，以 m^2 计算	有门窗者，扣除门窗面积，门窗按相应章节规定计算
铝合金（轻钢）间壁、隔断、各种幕墙	按设计四周外边线的框外围面积计算	有门窗者，扣除门窗面积，门窗按相应章节规定计算。铝合金（轻钢）间壁、隔断、幕墙工程量 = 净长度 × 净高度 − 门窗面积

2. 案例应用

【案例 3—3—5】某墙面工程，三合板基层，贴丝绒墙面 500 mm×1 000 mm。共 20 块。胶合板墙裙 13 m 长，净高 0.9 m，木龙骨（成品）40 mm×30 mm，间距 400 mm，中密度板基层，面层贴不拼花榉木夹板。计算工程量，确定省价直接工程费。

分析：墙裙龙骨，基层板和面层板工程量均为墙裙净面积，即 13×0.9=11.70 m²，分别按定额所列项目套用。

解：①丝绒墙面工程量 =0.50×1.00×20=10.00 m²

三合板上贴软包丝绒墙面，查附表二，套定额编号为 9-2-305 的定额子目。

定额基价 =1 219.62 元 /10 m²

所以，省价直接工程费 =1 219.62×1.0=1 219.62 元

②墙裙成品木龙骨安装工程量 =13×0.9=11.70 m²

龙骨断面 12 cm²，间距 400 mm，查附表二，套定额编号为 9-2-249 的定额子目。

定额基价 =170.60 元 /10 m²

所以，省价直接工程费 =170.60×1.17=199.60 元

③基层板工程量 =13×0.9=11.70 m²

木龙骨上钉中密度板基层，查附表二，套定额编号为 9-2-267 的定额子目。

定额基价 =304.55 元 /10 m²

所以，省价直接工程费 =304.55×1.17=356.32 元

④胶合板墙裙面层工程量 =13×0.9=11.70 m²

面层贴不拼花榉木夹板，查附表二，套定额编号为 9-2-281 的定额子目。

定额基价 =620.77 元 /10 m²

所以，省价直接工程费 =620.77×1.17=726.30 元

【案例 3—3—6】如图 3—3—5 所示，间壁墙采用轻钢龙骨双面镶嵌石膏板，设计龙骨外挑，门口尺寸为 900 mm×2 000 mm，柱面水泥砂浆粘贴 6 mm 车边镜面玻璃，装饰断面 400 mm×400 mm。计算工程量，确定省价直接工程费。

分析：间壁墙设计龙骨外挑，所以应乘以系数 1.15，间壁墙的投影面积为墙的净长乘以墙高，减去门洞面积 0.9×2=1.8 m²。计算石膏板工程量时，因为是双面，应乘以 2，柱工程量为柱断面周长乘以柱高。

解：①间壁墙工程量 =［(6.00−0.24）×3−0.9×2］×1.15=17.80 m²

间壁墙轻钢龙骨安装，查附表二，套定额编号为 9-2-259 的定额子目。

定额基价 =563.64 元 /10 m²

所以，省价直接工程费 =563.64×1.78=1 003.28 元

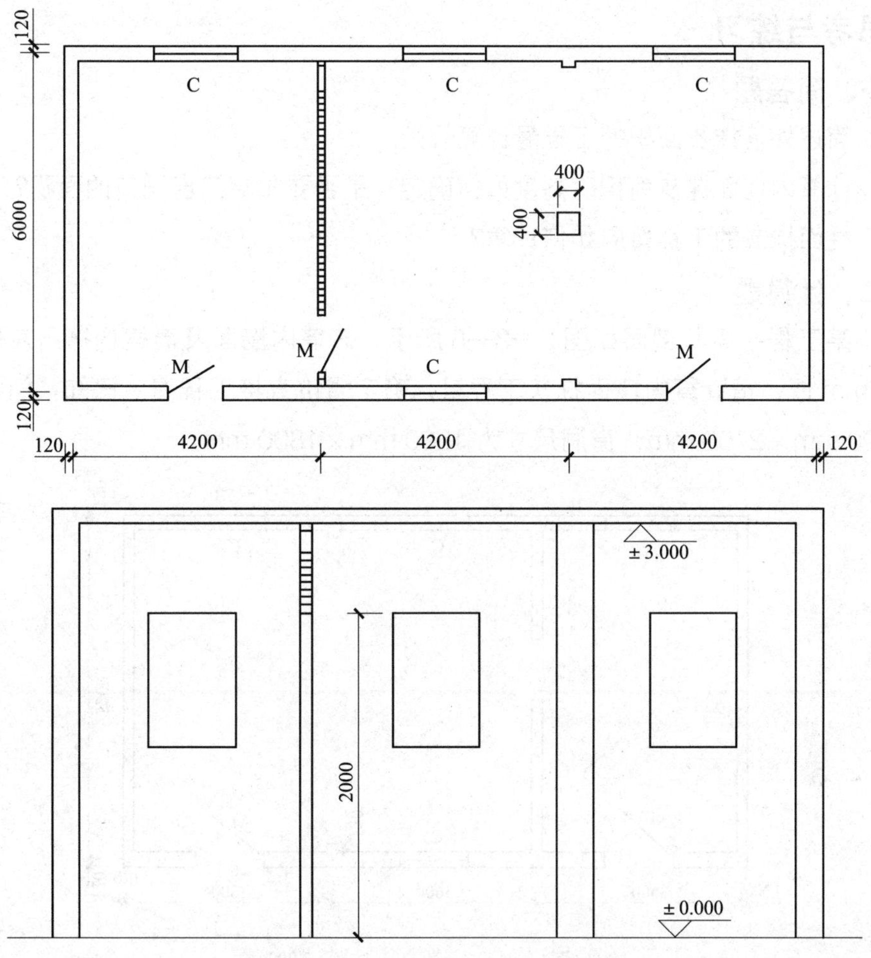

图 3—3—5　某工程房屋平面及剖面图

②间壁墙双面石膏板工程量 =［(6.00−0.24) ×3−0.9×2］×2=15.48×2=30.96 m²

轻钢龙骨安装石膏板，查附表二，套定额编号为 9−2−269 的定额子目。

定额基价 =309.88 元 /10 m²

所以，省价直接工程费 =309.88×3.096=959.39 元

③柱面工程量 =0.40×4×3=4.80 m²

水泥砂浆粘贴镜面玻璃柱面，查附表二，套定额编号为 9−2−286 的定额子目。

定额基价 =1 758.75 元 /10 m²

所以，省价直接工程费 =1 758.75×0.48=844.2 元

思考与练习

一、简答题

1. 简述外墙抹灰面积的工程量计算规则。

2. 计算内墙面抹灰面积时高度如何确定？是否要扣除门窗洞口的面积？

3. 柱面抹灰的工程量应如何计算？

二、计算题

1. 某工程平面和剖面如图 3—3—6 所示，砖墙内墙面及墙裙均抹石灰砂浆两遍 16 mm 厚，请计算内墙面抹灰工程量，确定省价直接工程费。已知：门洞尺寸为 1200 mm × 2700 mm，窗洞尺寸为 1500 mm × 1800 mm。

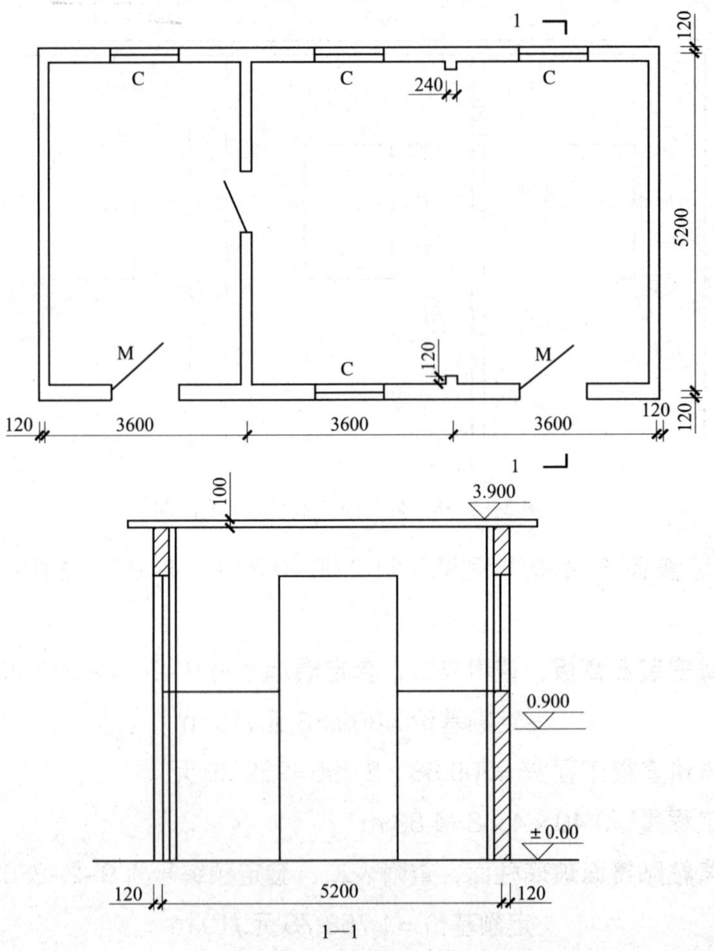

图 3—3—6　某房屋平面及剖面图

2. 某单位大门砖柱 8 根，砖柱块料外围尺寸如图 3—3—7 所示，面层用水泥砂浆粘贴陶瓷马赛克，请计算省价直接工程费。

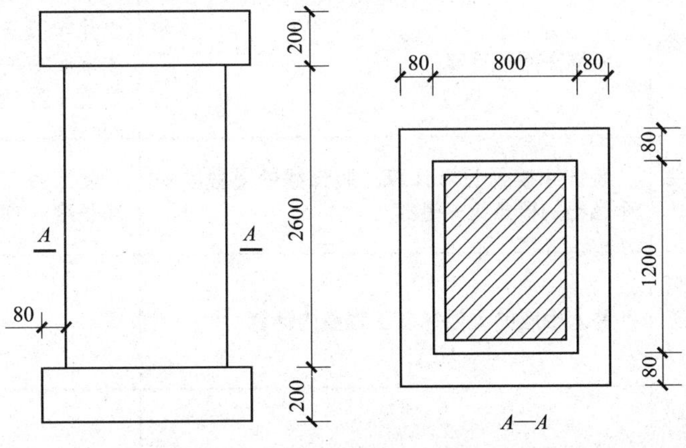

图 3—3—7　某单位大门砖柱立面及剖面图

第四节　天棚工程量计算及定额应用

学习目标

1. 掌握天棚抹灰的工程量计算及其定额应用。
2. 掌握天棚吊顶的工程量计算及其定额应用。
3. 熟悉一级天棚龙骨和二至三级天棚龙骨工程量计算。

一、天棚抹灰工程量计算及其定额应用

1. 天棚抹灰工程量计算规则，见表 3—4—1。

表 3—4—1　　天棚抹灰工程量计算规则

分项工程	计算规则	计算规则解读
天棚抹灰面积	按主墙间的净面积计算；不扣除柱、垛、间壁墙、附墙烟囱、检查口和管道所占的面积。带梁天棚、梁两侧抹灰面积，并入天棚抹灰工程量内计算	天棚抹灰工程量 = 主墙间的净长度 × 主墙间的净宽度 + 梁侧面面积

续表

分项工程	计算规则	计算规则解读
密肋梁和井字梁天棚抹灰面积	按展开面积计算	井字梁天棚抹灰工程量 = 主墙间净长度 × 主墙间的净宽度 + 梁侧面面积
天棚抹灰带有装饰线	装饰线按延长米计算。装饰线的道数以一个凸出的棱角为一道线	装饰线工程量 = Σ（房间净长度 + 房间净宽度）×2
檐口天棚及阳台、雨棚底的抹灰面积	并入相应的天棚抹灰工程量内计算	
天棚中的折线、灯槽线、圆弧形线、拱形线等艺术形式的抹灰	按展开面积计算，并入相应的天棚抹灰工程量内计算	

2. 案例应用

【案例 3—4—1】麻刀石灰浆面层井字梁天棚如图 3—4—1 所示。计算工程量，确定省价直接费。

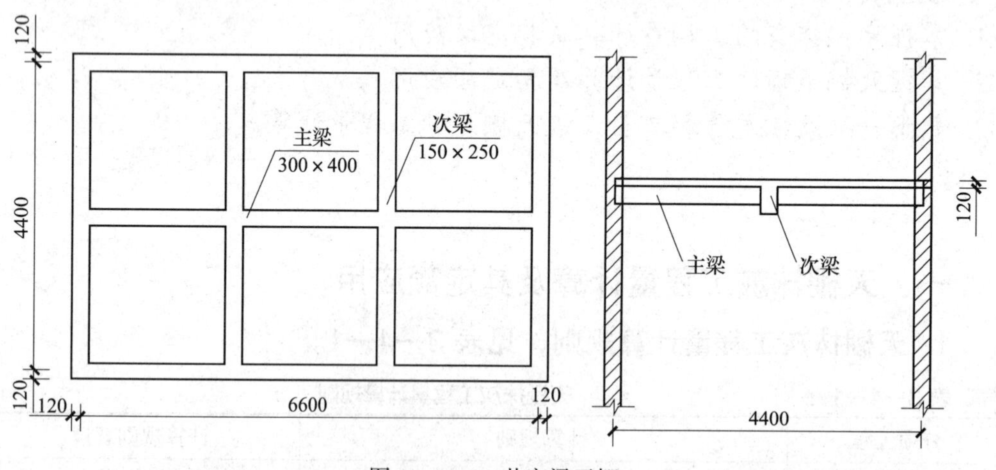

图 3—4—1　井字梁天棚

分析：根据工程量计算规则，天棚抹灰工程量等于主墙间净长度（6.6−0.24）m 乘以净宽度（4.40−0.24）m，加板下梁两侧面面积，减去主、次梁相交处两个次梁头 4 个侧面面积。

解： 天棚抹灰工程量 =（6.60−0.24）×（4.40−0.24）+（0.40−0.12）×6.36×2+（0.25−0.12）×3.86×2×2−（0.25−0.12）×0.15×4=31.95 m^2

现浇混凝土面天棚麻刀石灰浆面层，查附表三，套定额编号为 9−3−1 的定额子目。

定额基价 =125.55 元 /10 m^2

所以省价直接工程费 =125.55×3.195=401.13 元

二、各种天棚吊顶工程量计算及其定额应用

1. 天棚吊顶工程量计算规则，见表 3—4—2。

表 3—4—2　　各种天棚吊顶工程量计算规则

分项工程	计算规则	计算规则解读
各种天棚吊顶龙骨	按主墙间净空面积以 m^2 计算；不扣除间壁墙、检查口、附墙烟囱、柱、灯孔、垛和管道所占面积。由于上述原因所引起的工料也不增加	天棚吊顶龙骨工程量 = 主墙间净长度 × 主墙间的净宽度 天棚面层在同一标高者为“一级”天棚龙骨。天棚面层不在同一标高，且龙骨有跌级高差者为“二级至三级”天棚龙骨
天棚装饰面积	按主墙间设计面积以 m^2 计算；不扣除间壁墙、检查口、附墙烟囱、附墙垛和管道所占面积，但应扣除独立柱、灯带、大于 0.3 m^2 的灯孔及与天棚相连的窗帘盒所占的面积。柱垛不扣除，柱垛是指与墙体相连的柱而凸出墙体部分。灯带饰面另套相应定额	天棚饰面工程量 = 主墙间净长度 × 主墙间的净宽度 − 独立柱等所占面积
天棚中的折线、跌落、拱形、高低灯槽及其他艺术形式顶棚面层	按展开面积计算，由于线角较多，故增加 10% 的用工量	跌落等艺术形式天棚饰面工程量 = ∑展开长度 × 展开宽度

2. 案例应用

【案例 3—4—2】 预制钢筋混凝土板底吊不上人型装配式 U 形轻钢龙骨，间距 450 mm×450 mm，龙骨上铺钉中密度板，面层粘贴 6 mm 厚铝塑板，尺寸如图 3—4—2 所示。计算天棚工程量，确定省价直接工程费。

分析： 轻钢龙骨工程量不扣除独立柱所占面积。

解：①轻钢龙骨工程量 =（3.6×3−0.24）×（6−0.24）=60.83 m²

不上人型装配式 U 形轻钢龙骨（一级），间距 450 mm×450 mm，查附表三，套定额编号为 9−3−27 的定额子目。

定额基价 =864.24 元 /10 m²，所以省价直接工程费 =864.24×6.083=5 257.17 元。

②基层板工程量 =（3.6×3−0.24）×（6−0.24）−0.30×0.30=60.74 m²

轻钢龙骨上铺钉中密度基层板，查附表三，套定额编号为 9−3−81 的定额子目。

定额基价 =342.39 元 /10 m²

所以省价直接工程费 =342.39×6.074=2 079.68 元

③铝塑板面层工程量 =（3.6×3−0.24）×（6−0.24）−0.30×0.30=60.74 m²

面层粘贴 6 mm 厚铝塑板，查附表三，套定额编号为 9−3−110 的定额子目。

定额基价 =3 091.77 元 /10 m²，所以省价直接工程费 =3 091.77×6.074=18 779.41 元。

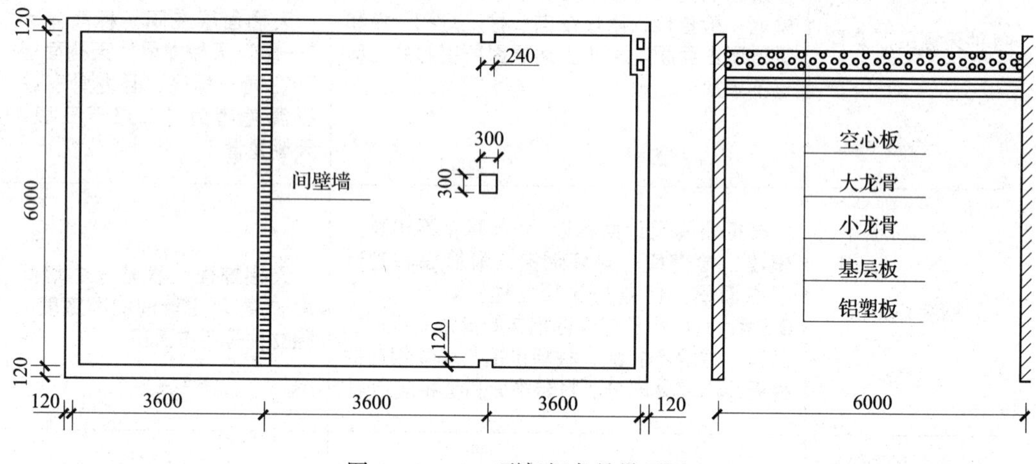

图 3—4—2 U 形轻钢龙骨吊顶图

思考与练习

一、简答题

1. 怎样计算天棚抹灰的工程量?
2. 井字梁天棚抹灰面积如何计算?
3. 什么是一级天棚龙骨? 什么是二至三级天棚龙骨?
4. 吊顶饰面工程量计算规则是什么?

二、计算题

1. 现浇水泥砂浆面层井字梁天棚如图3—4—3所示，主梁断面为350 mm×450 mm，次梁断面为200 mm×300 mm，请计算天棚石灰砂浆抹灰工程量及其省价直接工程费。

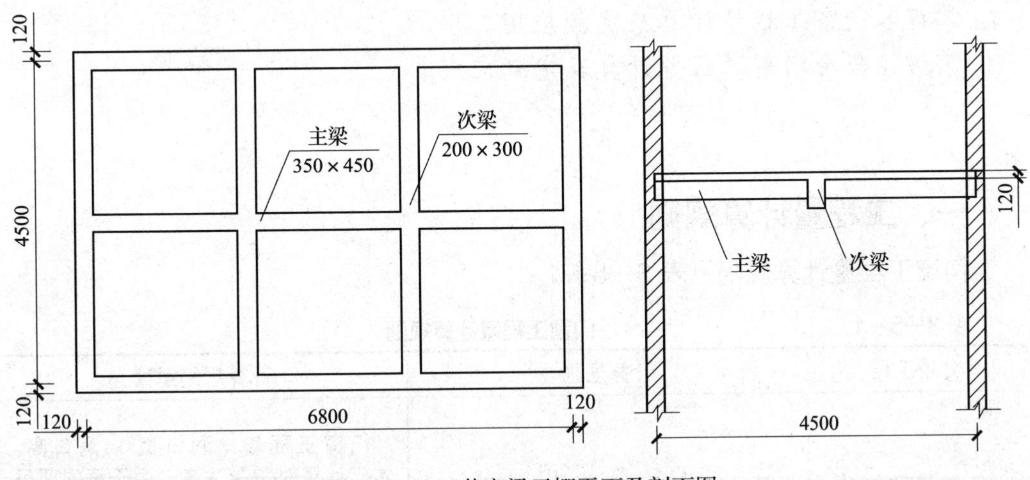

图3—4—3　井字梁天棚平面及剖面图

2. 预制钢筋混凝土板底吊不上人型装配式U形轻钢龙骨如图3—4—4所示，间距300 mm×300 mm，龙骨上铺钉细木工板，面层采用木夹板，不拼花，计算龙骨、基层板、面层板工程量及省价直接工程费。

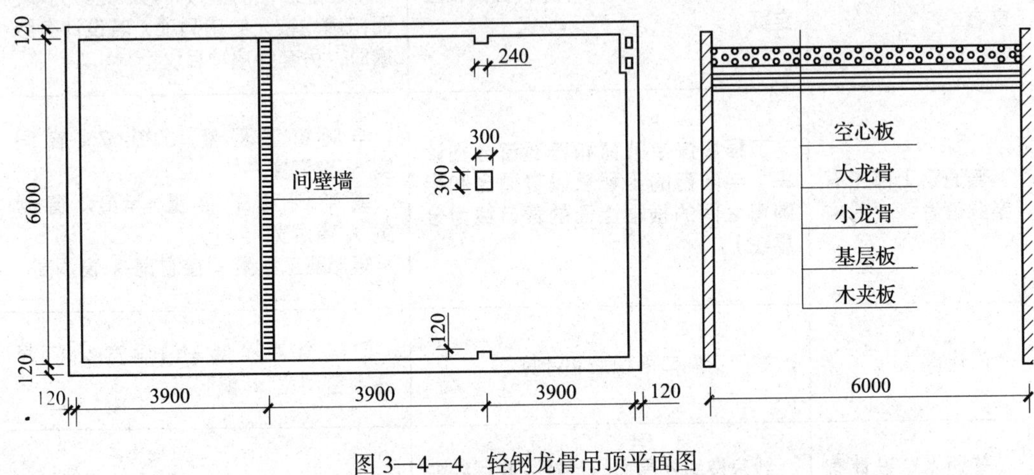

图3—4—4　轻钢龙骨吊顶平面图

第五节 门窗工程量计算及定额应用

学习目标

1. 掌握木门窗工程量计算及定额应用。
2. 掌握铝合金门窗工程量计算及定额应用。

一、工程量计算规则

门窗工程量计算规则见表 3—5—1。

表 3—5—1 **门窗工程量计算规则**

分项工程	计算规则	计算规则解读
各类门窗制作、安装工程量	除注明者外，均按图示门窗洞口面积计算	门窗工程量 = 洞口宽 × 洞口高，木门计算时需要注意，由于框的项目设置与扇的项目设置不完全一致，因此，框、扇项目工程量不是一一对应的关系，框、扇的工程量应分别计算
木门扇设计有纱扇者	纱扇按扇外围面积计算，套用相应定额	纱门扇工程量 = 纱扇宽 × 纱扇高 本章定额中门框按带纱、无纱列项，而门扇均按无纱扇列项，若设计有纱扇时，另套纱扇项目
普通窗上部带有半圆窗者	工程量按半圆窗和普通窗分别计算（半圆窗的工程量以普通窗和半圆窗之间的横框上面的裁口线为分界线）	半圆窗工程量 =0.392 7× 窗洞宽 × 窗洞宽 或半圆窗工程量 =π/8× 窗洞宽 × 窗洞宽 矩形窗工程量 = 窗洞宽 × 窗洞高
门连窗	按门窗洞口面积之和计算	门连窗工程量 = 门洞宽 × 门洞高 + 窗洞宽 × 窗洞高
普通木窗设计有纱扇时	纱扇按扇外围面积计算，套用纱窗扇定额	

续表

分项工程	计算规则	计算规则解读
铝合金门窗制作、安装（包括成品安装）设计有纱扇时	纱扇按扇外围面积计算，套用相应定额	
铝合金卷闸门安装	按洞口高度增加 600 mm 乘以门实际宽度以 m^2 计算（卷闸门宽按设计宽度计入）电动装置安装以套计算，小门安装以个计算	卷闸门安装工程量 = 卷闸门宽 ×（洞口高度 +0.6）

二、案例应用

【案例 3—5—1】某住宅用带纱镶木板门 45 樘，洞口尺寸如图 3—5—1 所示，刷底油一遍。计算带纱镶木板门制作、安装、门锁及附件工程量，确定定额基价。

分析：门框制作，安装工程量及门扇制作安装工程量都是按门洞口面积计算，而纱扇和纱亮扇工程量是按纱扇外围面积计算。

解：①带纱镶木板门框制作安装工程量 =1.20 × 2.70 × 45=145.80 m^2

带纱门框（单扇带亮）制作，查附表四，套定额编号为 5–1–1 的定额子目。

定额基价 =625.42 元 /10 m^2

带纱门框（单扇带亮）安装，查附表四，套定额编号为 5–1–2 的定额子目。

定额基价 =154.76 元 /10 m^2

②无纱镶木板门扇制作安装工程量 =1.20 × 2.70 × 45=145.80 m^2

无纱镶木板门（单扇带亮）制作，查附表四，套定额编号为 5–1–33 的定额子目。

定额基价 =821.05 元 /10 m^2

无纱镶木板门（单扇带亮）安装，查附表四，套定额编号为 5–1–34 的定额子目。

定额基价 =60.92 元 /10 m^2

③纱门扇制作安装工程量 =（1.20–0.03 × 2）×（2.10–0.03）× 45=106.19 m^2

纱门扇制作，查附表四，套定额编号为 5–1–103 的定额子目。

定额基价 =492.27 元 /10 m^2

纱门扇安装，查附表四，套定额编号为 5–1–104 的定额子目。

定额基价 =129.67 元 /10 m^2

④纱亮扇制作安装工程量 =（1.20−0.03×2）×（0.6−0.03）×45=29.24 m^2

纱亮扇制作，查附表四，套定额编号为 5−1−105 的定额子目。

定额基价 =553.53 元 /10 m^2

纱亮扇安装，查附表四，套定额编号为 5−1−106 的定额子目。

定额基价 =213.52 元 /10 m^2

⑤镶木板门普通门锁安装工程量 =45 把

普通门锁安装，查附表四，套定额编号为 5−1−110 的定额子目。

定额基价 =940.87 元 /10 把

⑥镶木板门配件工程量 =45 樘

无纱镶木板门（单扇带亮）配件，查附表四，套定额编号为 5−9−1 的定额子目（换）。

定额价格 =358.76−10×1.25−0.80×3.20=343.70 元 /10 樘

说明：门上安装门锁，则应在门窗配件定额中减去 150 mm 封闭铁插销及 M4×20 木螺钉每 10 樘 80 个。150 mm 封闭铁插销单价 1.25 元 / 个，M4×20 木螺丝单价 3.20 元 /100 个。

⑦纱门扇配件工程量 =45 扇

纱扇配件，查附表四，套定额编号为 5−9−14 的定额子目。

定额基价 =78.00 元 /10 扇

⑧纱上亮配件工程量 =45×2=90 扇

纱亮配件，查附表四，套定额编号为 5−9−15 的定额子目。

定额基价 =105.39 元 /10 扇

【案例 3—5—2】某住宅阳台处门连窗，不带纱扇，刷底油一遍，门上安装普通门锁，设计洞口尺寸如图 3—5—2 所示，共 20 樘。计算门连窗制作、安装、门锁及门窗配件工程量，确定定额基价。

分 析：门连窗工程量等于门的工程量 0.9×2.4=2.16 m^2 加上窗的工程量 0.6×1.5=0.9 m^2。门连窗配件基价的换算与案例 3—5—1 的相关说明一致。

解：①门连窗框制作安装工程量 =（0.9×2.4+0.6×1.5）×20=61.20 m^2

无纱连窗门框制作，查附表四，套定额编号为 5−1−31 的定额子目。

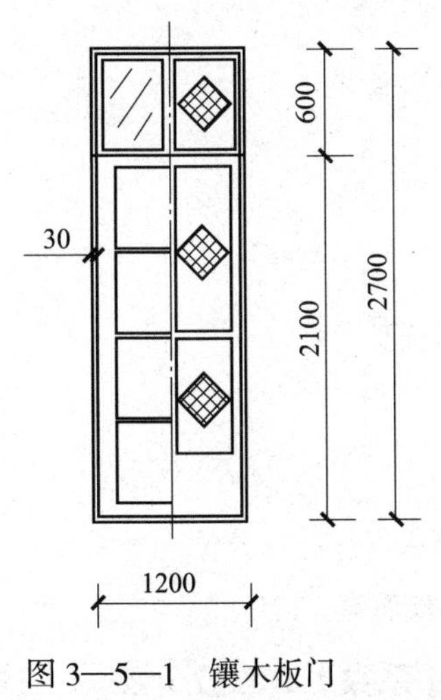

图 3—5—1　镶木板门

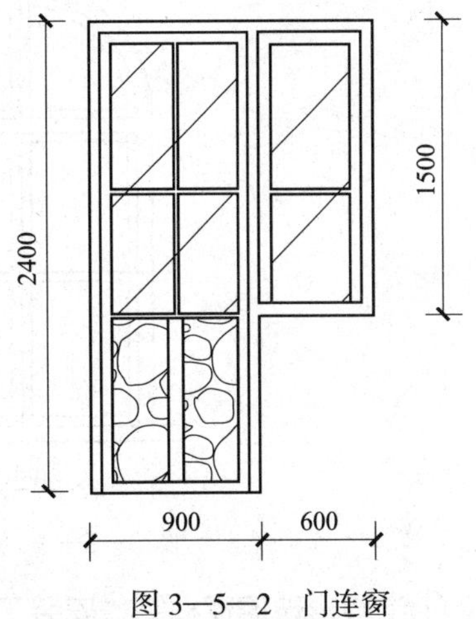

图 3—5—2　门连窗

定额基价 =410.40 元 /10 m^2

无纱连窗门框安装，查附表四，套定额编号为 5-1-32 的定额子目。

定额基价 =73.79 元 /10 m^2

②门连窗扇制作安装工程量 =（0.9×2.4+0.6×1.5）×20=61.20 m^2

门连窗（单扇窗）门窗扇制作，查附表四，套定额编号为 5-1-97 的定额子目。

定额基价 =662.65 元 /10 m^2

门连窗（单扇窗）门窗扇安装，查附表四，套定额编号为 5-1-98 的定额子目。

定额基价 =210.47 元 /10 m^2

③门连窗普通门锁安装工程量 =20 把

普通门锁安装，查附表四，套定额编号为 5-1-110 的定额子目。

定额基价 =940.87 元 /10 把

④门连窗配件工程量 =20 樘

无纱连窗门单扇窗配件，查附表四，套定额编号为 5-9-11 的定额子目（换）。

定额基价 =566.10-10×1.25-0.80×3.20=551.04 元 /10 樘

【案例 3—5—3】某办公楼设计有矩形窗上带半圆形玻璃窗，制作时刷底油一遍，设计洞口尺寸如图 3—5—3 所示，共 20 樘。计算半圆形玻璃窗部分制作安装工程量，确定定额项目。

分析：本案例只要求计算半圆窗的工程量，下面的矩形部分应单独计算，此案例不要求计算矩形窗。

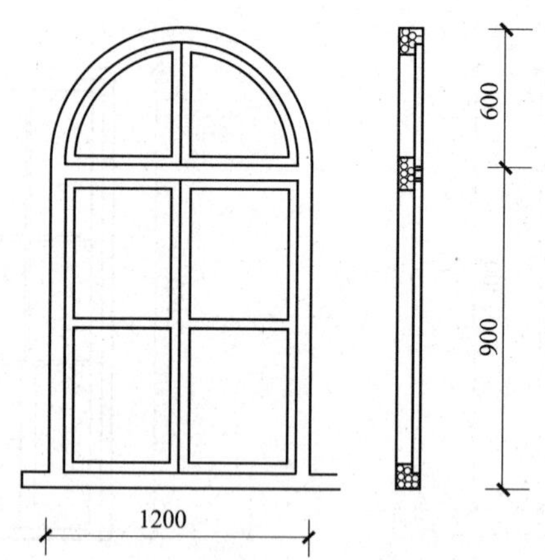

图 3—5—3　矩形窗上带半圆形玻璃窗

解：①半圆形玻璃窗框制作安装工程量 =0.392 7（系数）$\times 1.20^2 \times 20=11.31$ m^2

半圆形玻璃窗（直径 2 m 以内）窗框制作，查附表四，套定额编号为 5-3-59 的定额子目。

定额基价 =1 632.01 元 /10 m^2

半圆形玻璃窗（直径 2 m 以内）窗框安装，查附表四，套定额编号为 5-3-60 的定额子目。

定额基价 =259.73 元 /10 m^2

②半圆形玻璃窗扇制作安装工程量 =0.392 7（系数）$\times 1.20^2 \times 20=11.31$ m^2

半圆形玻璃窗（直径 2 m 以内）窗扇制作，查附表四，套定额编号为 5-3-61 的定额子目。

定额基价 =1 299.29 元 /10 m^2

半圆形玻璃窗（直径 2 m 以内）窗扇安装，查附表四，套定额编号为 5-3-62 的定额子目。

定额基价 =265.18 元 /10 m^2

【案例 3—5—4】某装饰市场商业用房安装铝合金卷闸门，门洞高为 3 000 mm，铝合金卷闸门宽 3.3 m，尺寸如图 3—5—4 所示，共 20 张。计算铝合金卷闸门工程量，确定省价直接工程费。

分析：根据工程量计算规则，铝合金卷闸门的工程量应为门宽乘以（门高 +0.6 m）。

解：铝合金卷闸门工程量 =3.30 ×（3.00+0.60）× 20=237.60 m^2

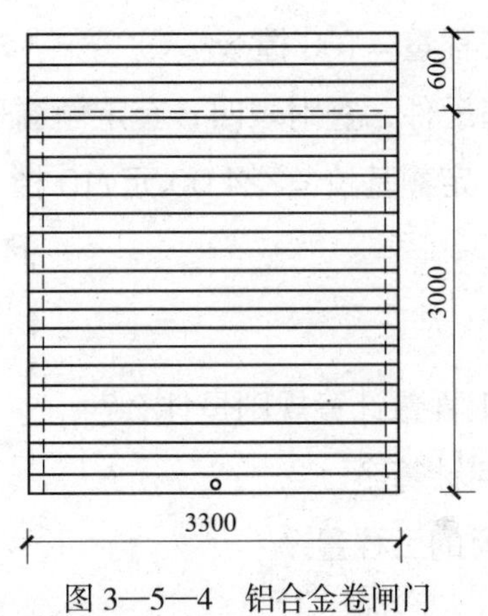

图 3—5—4　铝合金卷闸门

铝合金卷闸门安装，查附表四，套定额编号为 5-5-9 的定额子目。

定额基价 =3 036.15 元 /10 m²

省价直接工程费 =3 036.15×23.76=72 138.92 元

【案例 3—5—5】某宿舍铝合金推拉窗，如图 3—5—5 所示，共 100 樘，双扇推拉窗采用 6 mm 平板玻璃，一侧带纱扇，尺寸为 860 mm×1 150 mm。计算铝合金推拉窗制作安装及配件工程量，确定定额基价。

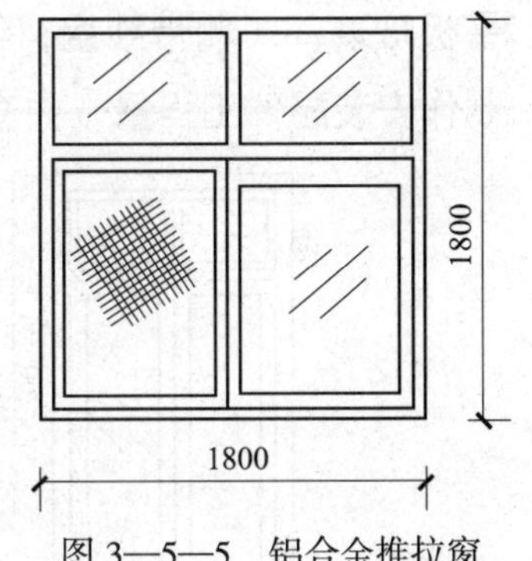

图 3—5—5　铝合金推拉窗

分析：根据定额设置，铝合金窗制作安装为一项，其工程量即为窗洞口面积，纱扇制作安装工程量按纱扇外围面积计算。

解：①铝合金推拉窗制作安装工程量 =1.80×1.80×100=324.00 m²

双扇推拉窗（带亮），查附表四，套定额编号为 5-5-29 的定额子目（换）。

定额基价 =3 123.94+9.315×（25.00-17.00）=3 198.46 元 /10 m²

说明：玻璃厚度、颜色设计与定额不同时可以换算。定额采用 5 mm 厚平板玻璃（单价 17 元 /m²），设计采用 6 mm 厚（单价 25 元 /m²），平板玻璃定额消耗量为 9.315 m²/10 m²。

②铝合金窗纱扇制作安装工程量 =0.86×1.15×100=98.90 m²

铝合金纱扇制作安装，查附表四，套定额编号为 5-5-36 的定额子目。

定额基价 =943.87 元 /10 m²

③铝合金推拉窗配件工程量 =100 樘

铝合金推拉窗（双）扇配件，查附表四，套定额编号为 5-9-49 的定额子目。

定额基价 =224.00 元 /10 樘

思考与练习

一、简答题

1. 木门窗制作、安装工程量计算规则是什么?

2. 门连窗的工程量如何计算？

3. 怎样计算铝合金门窗的工程量？

二、计算题

1. 某商店采用全玻璃自由门，不带纱扇，如图 3—5—6 所示，刷底油一遍，木材为红松，共 20 樘，计算全玻璃自由门制作和安装的工程量。

2. 某工程采用的铝合金推拉窗如图 3—5—7 所示，共 100 樘，采用 5 mm 厚平板玻璃，一侧带纱扇，纱扇尺寸为 880 mm×1 170 mm，请计算铝合金推拉窗制作安装配件工程量，并套项求其省价直接工程费。

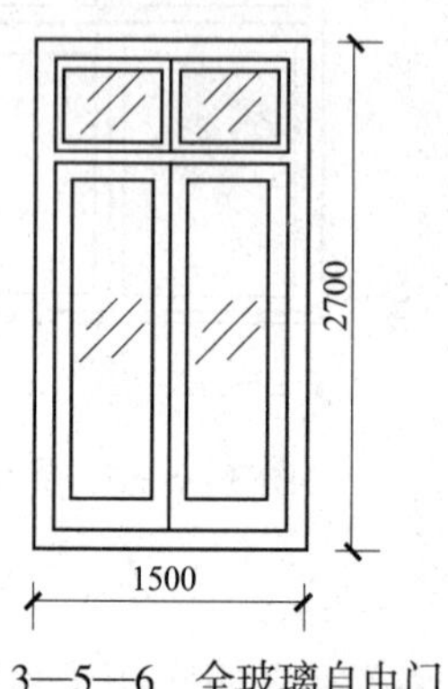

图 3—5—6　全玻璃自由门

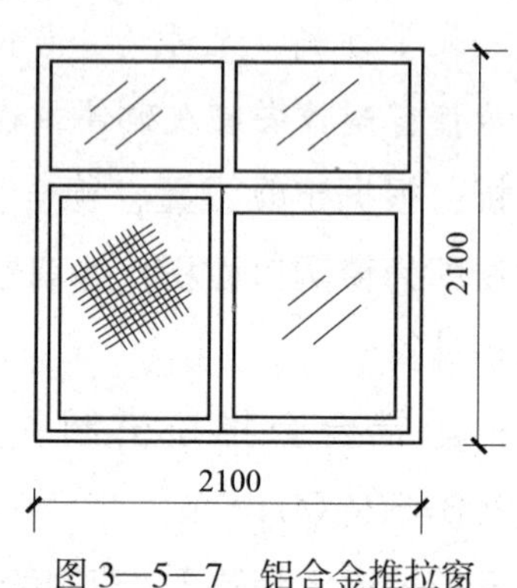

图 3—5—7　铝合金推拉窗

第六节　油漆涂料裱糊工程量计算及定额应用

学习目标

1. 掌握门窗油漆的工程量计算及其定额应用。
2. 熟悉木材面油漆的工程量计算及其定额应用。
3. 熟悉金属面油漆的工程量计算及其定额应用。

一、工程量计算规则

油漆涂料裱糊工程量计算规则见表 3—6—1。

表 3—6—1　　油漆涂料裱糊工程量计算规则

分项工程	计算规则	计算规则解读
楼地面、顶棚面、墙、柱面的喷（刷）涂料、油漆工程	按各自抹灰的工程量计算规则计算。涂料系数表中有规定的，按规定计算工程量并乘以系数表中的系数。裱糊项目工程量，按设计裱糊面积，以 m^2 计算	涂刷工程量 = 抹灰面工程量 裱糊工程量 = 设计裱糊（实贴）面积
木材面、金属面油漆	分别按油漆、涂料系数表的规定，并乘以系数表内的系数以 m^2 计算	油漆工程量 = 代表项工程量 × 各项相应系数
窗帘盒	明式窗帘盒按延长米计算工程量，套用木扶手（不带托板）项目；暗式窗帘盒按展开面积计算工程量，套用其他木材面油漆项目	明式窗帘盒是指顶棚装修完成后安装的窗帘盒；暗式窗帘盒是指与吊顶天棚相连的窗帘盒
基层处理	按其面层的工程量套用基层处理相应项目	基层处理工程量 = 面层工程量
木材面刷防火涂料	按所刷木材面的面积计算工程量；木方面刷防火涂料，按木方所附墙、板面的投影面积计算工程量	木材面刷防火涂料 = 板方框外围投影面积

二、油漆、涂料工程量系数表

1. 木材面油漆

（1）木门油漆工程量按单面洞口面积乘以相应油漆工程量系数求得，其工程量系数见表 3—6—2。

表 3—6—2　木门工程量系数

定额项目	项目名称	系数	工程量计算方法
木门	单层木门	1.00	按单面洞口面积
	双层（一板一纱）木门	1.36	
	双层（单裁口）木门	2.00	
	单层全玻门	0.83	
	木百叶门	1.25	
	厂库大门	1.10	

（2）木窗油漆工程量也是按窗的单面洞口面积乘以相应的油漆工程量系数求得，其工程量系数见表 3—6—3。

表 3—6—3　木窗工程量系数

定额项目	项目名称	系数	工程量计算方法
木窗	单层玻璃窗	1.00	按单面洞口面积
	双层（一板一纱）窗	1.36	
	双层（单裁口）窗	2.00	
	三层（二玻一纱）窗	2.60	
	单层组合窗	0.83	
	双层组合窗	1.13	
	木百叶窗	1.50	

（3）木扶手、窗帘盒等油漆工程量是按其长度乘以相应系数求得，其工程量系数见表 3—6—4。

表 3—6—4　木扶手、窗帘盒等工程量系数

定额项目	项目名称	系数	工程量计算方法
木扶手、窗帘盒	木扶手（不带托板）	1.00	按延长米
	木扶手（带托板）	2.60	
	窗帘盒	2.04	
	封檐板、顺水板	1.74	
	挂衣板、黑板框	0.52	
	挂镜线、窗帘棍	0.35	

（4）墙面墙裙油漆或涂料工程量计算方法及相应系数见表 3—6—5。

表 3—6—5　**墙面墙裙工程量系数**

定额项目	项目名称	系数	工程量计算方法
墙面墙裙	无造型墙面墙裙	1.00	长 × 宽 投影面积
	有造型墙面墙裙	1.25	

（5）木地板油漆工程量计算方法及相应系数见表 3—6—6。

表 3—6—6　**木地板工程量系数**

定额项目	项目名称	系数	工程量计算方法
木地板	木地板、木踢脚线	1.00	长 × 宽 水平投影面积
	木楼梯（不包括底面）	2.30	

（6）其他木材面油漆工程量计算方法及相应系数见表 3—6—7。

表 3—6—7　**其他木材面工程量系数**

定额项目	项目名称	系数	工程量计算方法
其他木材面	木板、纤维板、胶合板顶棚	1.00	长 × 宽
	檐口（其他木材面）	1.00	
	清水板条顶棚、檐口	1.07	
	木方格吊顶顶棚	1.20	
	吸音板墙面、顶棚面	0.87	
	鱼鳞板墙	2.48	
	窗台板、筒子板、盖板、门窗套、踢脚线	1.00	
	暖气罩	1.28	
	屋面板（带檩条）	1.11	斜长 × 宽
	木间壁、木隔断	1.90	单面外围面积
	玻璃间壁露明墙筋	1.65	
	木栅栏、木栏杆带扶手	1.82	
	木屋架	1.79	跨度（长）× 中高 ×1/2
	衣柜、壁柜	1.00	展开面积
	零星木装修	1.1	展开面积

2. 金属面油漆

（1）钢门窗油漆工程量等于洞口面积乘以相应系数，见表 3—6—8。

表 3—6—8　钢门窗工程量系数

定额项目	项目名称	系数	工程量计算方法
钢门窗	单层钢门窗	1.00	洞口面积
	双层（一玻一纱）钢门窗	1.48	
	钢百叶钢门	2.74	
	半截百叶钢门	2.22	
	满钢门或包铁皮门	1.63	
	钢折叠门	2.30	
	射线防护门	2.96	框（扇）外围面积
	厂库房平开、推拉门	1.70	
	铁丝网大门	0.81	
	间壁	1.85	长 × 宽
	平板屋面	0.74	斜长 × 宽
	瓦垄板屋面	0.89	
	排水、伸缩缝盖板	0.78	展开面积
	吸水罩	1.63	水平投影面积

（2）其他金属面油漆工程量计算方法及相应系数见表 3—6—9。

表 3—6—9　其他金属面油漆工程量系数

定额项目	项目名称	系数	工程量计算方法
其他金属面	钢屋架、天窗架、挡风架、屋架梁、支撑、檩条	1.00	按图示尺寸以质量计算
	墙架（空腹式）	0.50	
	墙架（格板式）	0.82	
	钢柱、吊车梁、花式梁、柱、空花构件	0.63	
	操作台、走台、制动梁钢梁车挡	0.71	
	钢栅栏门、栏杆、窗栅	1.71	
	钢爬梯	1.18	
	轻型屋架	1.42	
	踏步式钢扶梯	1.05	
	零星铁件	1.32	

（3）平板屋面涂刷磷化、锌黄底漆的工程量计算方法及相应系数见表 3—6—10。

表 3—6—10　平板屋面涂刷磷化、锌黄底漆工程量系数

定额项目	项目名称	系数	工程量计算方法
平板屋面	平板屋面	1.00	斜长 × 宽
	瓦垄板屋面	1.20	
	排水、伸缩缝盖板	1.05	展开面积
	吸气罩	2.20	水平投影面积
	包镀锌铁皮门	2.20	洞口面积

3. 抹灰面油漆、涂料工程量计算方法及相应系数见表 3—6—11。

表 3—6—11　抹灰面油漆、涂料工程量系数

定额项目	项目名称	系数	工程量计算方法
抹灰面	槽型底板、混凝土板折板 有梁底板 密肋、井字梁底板	1.30 1.10 1.50	长 × 宽
	混凝土平板式楼梯底	1.30	水平投影面积

三、案例应用

【案例 3—6—1】某工程平面及剖面如图 3—6—1 所示，地面刷过氯乙烯涂料，三合板木墙裙上润油粉，刷硝基清漆六遍，墙面、顶棚刷乳胶漆三遍（光面）。计算工程量，确定定额基价。

分析：墙裙油漆工程量等于墙体内周长与墙裙高度的乘积，其油漆系数查表 3—6—5，无造型墙裙油漆系数为 1.00。

解：①地面刷涂料工程量 =（8.00−0.24）×（3.60−0.24）=26.07 m^2

地面刷过氯乙烯涂料，查附表五，套定额编号为 9-4-186 的定额子目。

定额基价 =200.71 元 /10 m^2

②墙裙刷硝基清漆工程量 =［（8.0−0.24+3.60−0.24）×2−1.00+0.12×2］×1.00×1.00（系数）=21.48 m^2

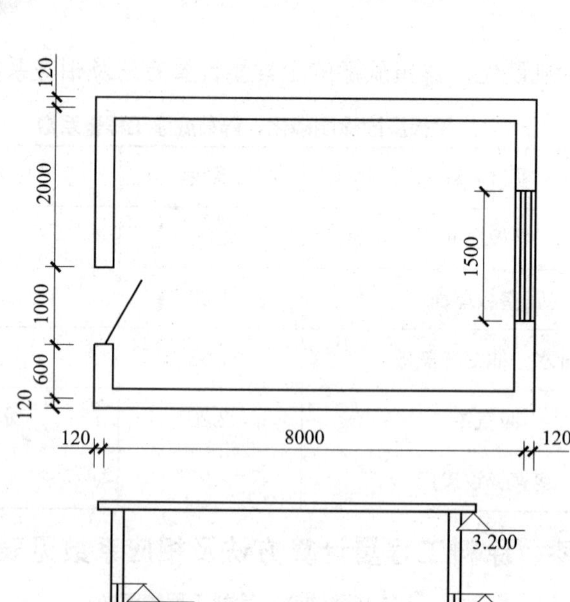

图 3—6—1　工程平面及剖面图

墙裙刷硝基清漆五遍，查附表五，套定额编号为 9-4-93 的定额子目。

定额基价 =405.47 元 /10 m^2

墙裙刷硝基清漆每增一遍，查附表五，套定额编号为 9-4-98 的定额子目。

定额基价 =31.58 元 /10 m^2

③顶棚刷乳胶漆工程量 =7.76×3.36=26.07 m^2

顶棚刷乳胶漆两遍，查附表五，套定额编号为 9-4-151 的定额子目。

定额基价 =73.61 元 /10 m^2

顶棚刷乳胶漆每增一遍，查附表五，套定额编号为 9-4-157 的定额子目。

定额基价 =38.04 元 /10 m^2

④墙面刷乳胶漆工程量 =（7.76+3.36）×2×2.20-1.00×（2.70-1.00）-1.50×1.80=44.53 m^2

墙面刷乳胶漆两遍（光面），查附表五，套定额编号为 9-4-152 的定额子目。

定额基价 =67.80 元 /10 m^2

墙面刷乳胶漆每增一遍，查附表五，套定额编号为 9-4-158 的定额子目。

定额基价 =35.10 元 /10 m^2

【案例 3—6—2】某工程内墙抹灰平面及剖面如图 3—6—2 所示，内墙抹灰面满刮腻子两遍，贴对花墙纸；挂镜线刷底油一遍，调和漆两遍，挂镜线以上及顶棚刷仿瓷涂料两遍。计算工程量，确定定额基价。

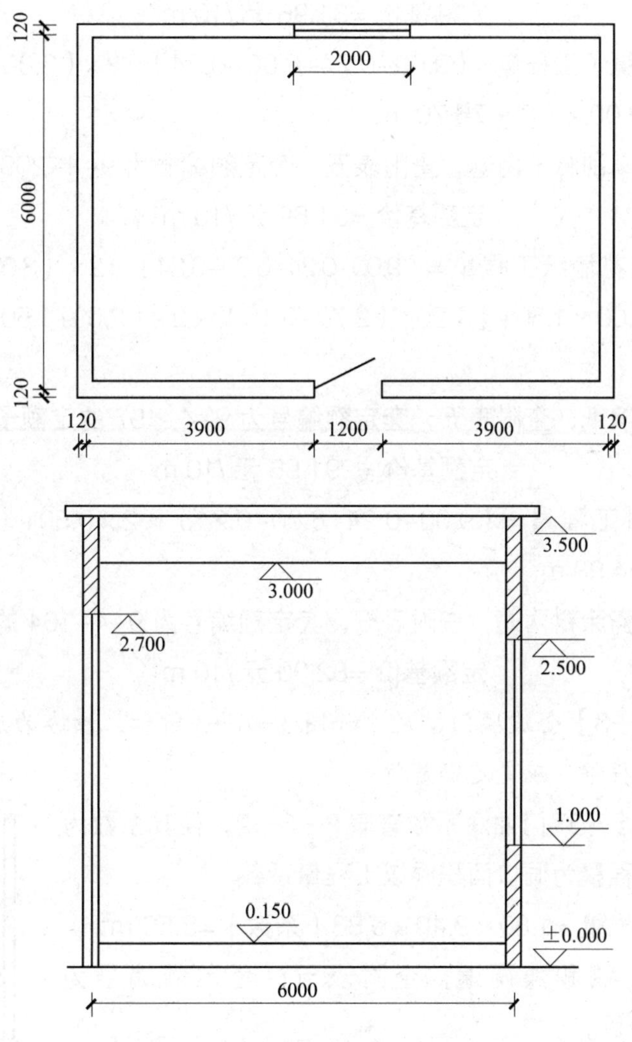

图 3—6—2　工程内墙抹灰平面及剖面图

分析：挂镜线油漆系数查表 3—6—4，得其系数为 0.35，所以挂镜线的工程量为内周长乘以系数，内墙面刮腻子，高度自标高为 0.15 m 处至挂镜线处（3.0 m

处）。墙纸工程量等于内周长乘以高度减门窗洞口面积，再增加门窗侧面面积。门宽 1.2 m，高 2.7 m，窗宽 2.0 m，高 1.5 m。仿瓷涂料工程量包括两部分：挂镜线（3.0 m）至板底（3.5 m）部分的墙体和顶棚。

解：①挂镜线工程量 =（9.00−0.24+6.00−0.24）×2×0.35（系数）=10.16 m

挂镜线刷底油一遍，调和漆两遍，查附表五，套定额编号为 9-4-4 的定额子目。

定额基价 =31.96 元 /10 m^2

②墙面满刮腻子工程量 =（9.00−0.24+6.00−0.24）×2×（3.00−0.15）−1.20×（2.70−0.15）−2.00×1.50=76.70 m^2

内墙抹灰面满刮腻子两遍，查附表五，套定额编号为 9-4-209 的定额子目。

定额基价 =31.69 元 /10 m^2

③墙面贴对花墙纸工程量 =（9.00−0.24+6.00−0.24）×2×（3.00−0.15）−1.20×（2.70−0.15）−2.00×1.50+［1.20+（2.70−0.15）×2+（2.00+1.50）×2］×0.12=78.30 m^2

墙面贴对花墙纸，查附表五，套定额编号为 9-4-197 的定额子目。

定额基价 =291.56 元 /10 m^2

④仿瓷涂料工程量 =（9.00−0.24+6.00−0.24）×2×0.50+（9.00−0.24）×（6.00−0.24）=64.98 m^2

抹灰面刷仿瓷涂料两遍，查附表五，套定额编号为 9-4-164 的定额子目。

定额基价 =82.90 元 /10 m^2

【案例 3—6—3】全玻璃门，尺寸如图 3—6—3 所示，油漆为底油一遍，调和漆三遍。计算工程量，确定定额基价。

分析：单层全玻璃门油漆系数查表 3—6—2，得其系数为 0.83，所以其工程量为洞口面积乘以工程量系数。

解：油漆工程量 =1.80×2.40×0.83（系数）=3.59 m^2

底油一遍，调和漆两遍，查附表五，套定额编号为 9-4-1 的定额子目。

定额基价 =183.52 元 /10 m^2

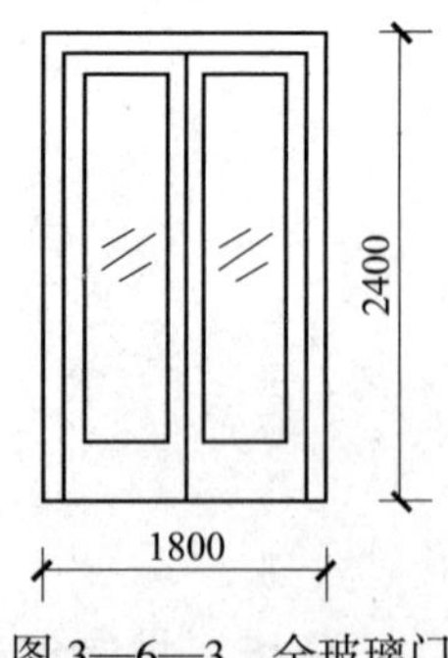

图 3—6—3 全玻璃门

每增加一遍调和漆，查附表五，套定额编号为 9-4-21 的定额子目。

定额基价 =57.19 元 /10 m^2

思考与练习

一、简答题

1. 木门窗油漆工程量如何计算?

2. 木材面油漆工程量计算规则是什么?

二、计算题

1. 某工程采用的全玻璃门如图 3—6—4 所示，油漆为底油一遍，调和漆两遍，请计算木门油漆工程量及省价直接工程费。

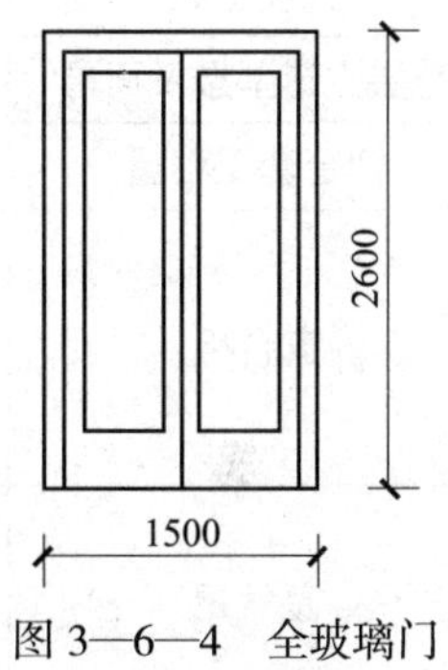

图 3—6—4　全玻璃门

2. 某工程平面如图 3—6—5 所示，地面刷过氯乙烯涂料，顶棚刷乳胶漆三遍（光面），请计算地面和顶棚油漆涂料工程量及省价直接工程费。

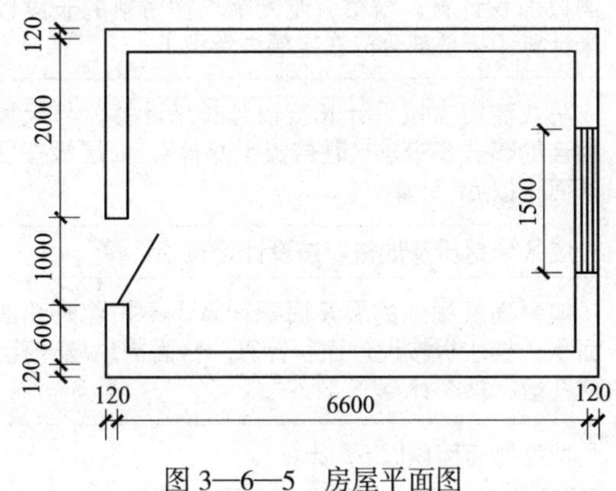

图 3—6—5　房屋平面图

第七节　配套装饰项目工程量计算及定额应用

学习目标

1. 掌握门窗套工程量计算及其定额应用。

2. 熟悉暖气罩、窗帘盒、装饰线等配套项目工程量计算及其定额应用。

一、工程量计算规则

配套装饰项目工程量计算规则见表 3—7—1。

表 3—7—1　　配套装饰项目工程量计算规则

分项工程	计算规则	计算规则解读
基层、造型层及面层	均按设计面积以 m^2 计算	
门窗套工程量	按设计图示尺寸以展开面积计算	
窗台板	按设计长度乘以宽度以 m^2 计算；设计未注明尺寸时，按窗宽两边共加 100 mm 计算长度（有贴脸的按贴脸外边线间宽度），凸出墙面的宽度按 50 mm 计算	窗台板工程量 =（窗宽 +0.1）×（窗台宽 +0.05）
暖气罩	各层按设计面积计算，与壁柜相连时，暖气罩算至壁柜隔板外侧，壁柜套用橱柜相应子目。散热口按其外围面积单独计算	
百叶窗帘、网扣帘	按设计尺寸面积计算，设计未注明尺寸时，按洞口面积计算；窗帘、遮光帘均按帘轨的长度以米计算（折叠部分已在定额内考虑）	
窗帘盒	明式窗帘盒按设计长度以延长米计算，与天棚相连的暗式窗帘盒，基层板（龙骨）、面层板按展开面积以 m^2 计算	暗式窗帘盒与吊顶天棚相连
装饰线条	应区分材质及规格。按设计延长米计算	
大理石洗漱台	按台面及裙边的展开面积计算，不扣除开孔的面积，挡水板按设计面积计算。台面需现场开孔、磨孔边，按个计算	
不锈钢、塑铝板包门框	按框饰面面积以 m^2 计算	
夹板门门扇木龙骨	按扇面积计算，基层、造型层及面层按设计面积计算。扇安装按扇个数计算。门扇上镶嵌按镶嵌的外围面积计算	
橱柜木龙骨项目	按橱柜正立面的投影面积计算。基层板、造型层板及饰面板按实铺面积计算。抽屉按抽屉正面面板面积计算	
木楼梯	按水平投影面积计算，不扣除宽度小于 300 mm 的楼梯井面积，踢脚板、平台和伸入墙内部分不另计算；栏杆、扶手按延长米计算；木柱、木梁按竣工体积以 m^3 计算	宽度大于 300 mm 的梯井部分应予扣除
栏板、栏杆、扶手	按设计长度以米计算	

续表

分项工程	计算规则	计算规则解读
美术字安装	按字的最大外围矩形面积以个计算	英文按意译计算个数
招牌、灯箱的龙骨	按正立面投影面积计算，基层及面层按设计面积计算	

二、案例应用

1. 门窗套工程量计算及定额应用

【案例 3—7—1】某宾馆有 1 200 mm×2 100 mm 的门洞 60 樘，内外钉贴细木工板门套、贴脸（不带龙骨），榉木夹板贴面，尺寸如图 3—7—1 所示。计算工程量，确定定额基价。

图 3—7—1　某宾馆门套装修图

分析：基层和面层工程量等于门宽加两边门高的总长度乘以筒子板宽度 0.08 m，再加上三边总长度乘以贴脸宽度 0.08 m，双面铺贴，应乘以 2。

解：①基层工程量 =［（1.20+2.10×2）×0.08+（1.20+0.08×2+2.10×2）×0.08］×2×60=105.22 m^2

细木工板基层，查附表六，套定额编号为 9-5-6 的定额子目。

定额基价 =736.87 元 /10 m^2

②装饰板贴面工程量 =［（1.20+2.10×2）×0.08+（1.20+0.08×2+2.10×2）×0.08］×2×60=105.22 m^2

榉木夹板贴面，查附表六，套定额编号为 9-5-10 的定额子目。

定额基价 =603.90 元 /10 m^2

2. 暖气罩工程量计算及定额应用

【案例 3—7—2】平墙式暖气罩，尺寸如图 3—7—2 所示，五合板基层，榉木板面层，机制木花格散热口，共 20 个。计算工程量，确定定

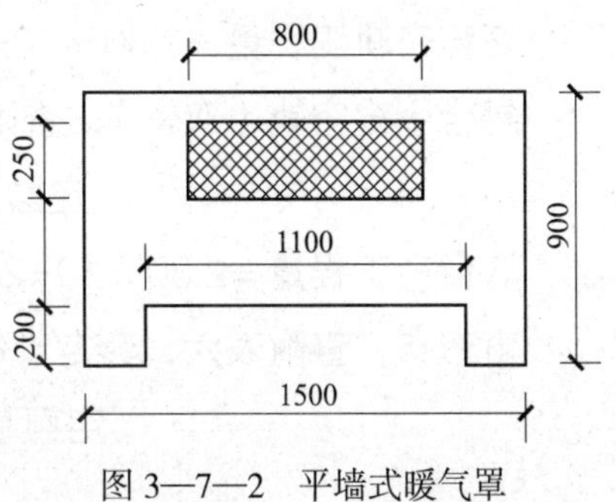

图 3—7—2　平墙式暖气罩

额项目。

分析： 根据工程量计算规则，暖气罩应按基层、面层分别计算工程量，套相应定额，散热口按其外围面积单独计算。

解： ①基层工程量 =（1.5×0.9−1.10×0.20−0.80×0.25）×20=18.60 m^2

五合板基层，查附表六，套定额编号为 9-5-27 的定额子目。

定额基价 =1 306.56 元 /10 m^2

②面层工程量 =（1.5×0.9−1.10×0.20−0.80×0.25）×20=18.60 m^2

粘贴装饰板面层，查附表六，套定额编号为 9-5-32 的定额子目。

定额基价 =626.40 元 /10 m^2

③散热口安装工程量 =0.80×0.25×20=4.0 m^2

机制木花格，查附表六，套定额编号为 9-5-35 的定额子目。

定额基价 =699.50 元 /10 m^2

3. 窗帘盒工程量计算及定额应用

【案例 3—7—3】 某工程窗宽 2 m，共 10 个，制安细木工板明式窗帘盒，长度为 2.30 m，带铝合金窗帘轨（双轨），布窗帘。计算工程量，确定定额项目。

分析： 明式窗帘盒应按其设计长度计算，窗帘盒、窗帘轨和窗帘布应分别套相应定额。

解： ①窗帘盒工程量 =2.30×10=23.0 m

细木工板明式窗帘盒，查附表六，套定额编号为 9-5-37 的定额子目。

定额基价 =206.03 元 /10 m

②窗帘轨工程量 =2.30×10=23.0 m

铝合金窗帘轨（双轨），查附表六，套定额编号为 9-5-47 的定额子目。

定额基价 =402.04 元 /10 m

③窗帘工程量 =2.30×10=23.0 m

窗帘布，查附表六，套定额编号为 9-5-49 的定额子目。

定额基价 =1 343.71 元 /10 m

4. 橱柜工程量计算及定额应用

【案例 3—7—4】某厨房制安一吊柜，尺寸如图 3—7—3 所示，采用木骨架，背面、上面及侧面采用三合板围板。计算木龙骨和三合板围板的工程量，确定定额基价。

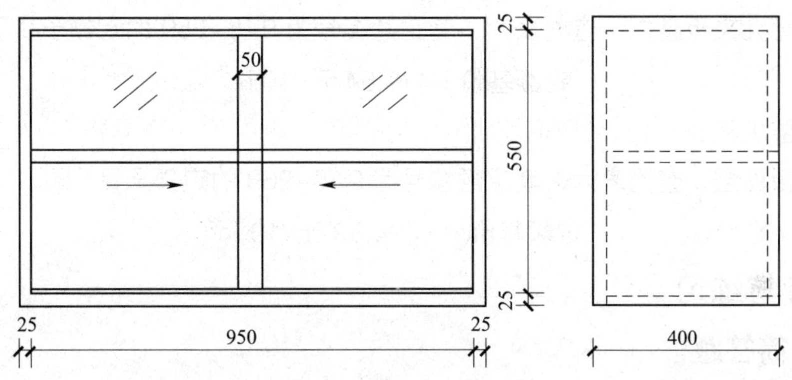

图 3—7—3　某厨房吊柜

分析：橱柜木龙骨工程量应按其正立面投影面积计算，外边长度为 1.0 m，高 0.6 m，骨架围板：背面 $1.0\times0.60=0.6\ m^2$，上面 $1.0\times0.4=0.4\ m^2$，侧面 $0.6\times0.4\times2=0.48\ m^2$（两侧）。

解：①吊柜骨架制安工程量 $=1.00\times0.60=0.60\ m^2$

吊柜骨架制安（$1.0\ m^2$ 以内），查附表六，套定额编号为 9-5-155 的定额子目。

定额基价 =1 338.49 元 /10 m^2

②骨架围板工程量 $=1.00\times0.60+(1.00+0.60\times2)\times0.40=1.48\ m^2$

骨架三合板围板制安，查附表六，套定额编号为 9-5-159 的定额子目。

定额基价 =585.98 元 /10 m^2

5. 招牌及美术字工程量计算及定额应用

【案例 3—7—5】某工程檐口上方设招牌，长 30 m，高 1.5 m，钢结构龙骨，九夹板基层，塑铝板面层，上嵌 10 个 1 m×1 m 泡沫塑料有机玻璃面大字。计算工程量，确定定额基价。

解：①美术字工程量 =10 个

$1.0\ m^2$ 以内铝合金扣板面层，查附表六，套定额编号为 9-5-232 的定额子目。

定额基价 =4 378.37 元 /10 个

②招牌龙骨工程量 $=30\times1.5=45\ m^2$

钢结构龙骨，查附表六，套定额编号为 9-5-253 的定额子目。

定额基价 =1 237.51 元 /10 m^2

③基层工程量 =45 m^2

钢龙骨九夹板基层，查附表六，套定额编号为 9-5-259 的定额子目。

定额基价 =419.54 元 /10 m^2

④面层工程量 =45 m^2

塑铝板面层，查附表六，套定额编号为 9-5-263 的定额子目。

定额基价 =3 094.89 元 /10 m^2

思考与练习

一、简答题

1. 简述门窗套工程量计算规则。
2. 窗台板工程量如何计算?
3. 怎样计算暖气罩的工程量?

二、计算题

1. 某酒店有 900 mm×2 100 mm 的门洞 80 樘，内外钉贴细木工板门套，贴脸（不带龙骨），榉木板贴面，尺寸如图 3—7—4 所示，请计算工程量及省价直接工程费。

2. 某工程窗宽 2 m，共 10 个。采用胶黏剂粘贴大理石窗台板，窗台板的长度按窗宽两边共加 100 mm 计算，窗台宽为 250 mm，窗台板的宽度按凸出墙面 50 mm 考虑，请计算窗台板的工程量。

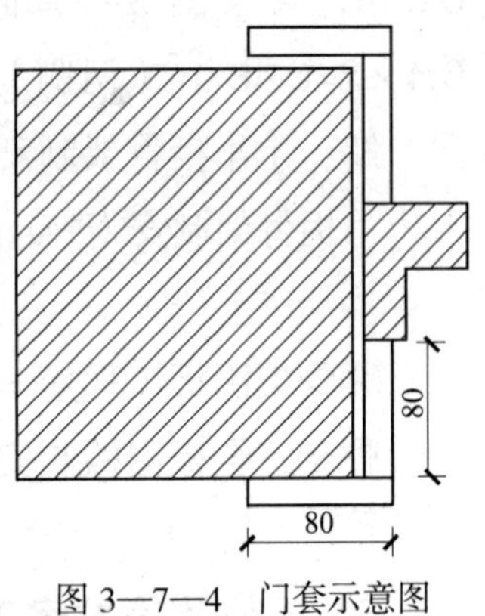

图 3—7—4　门套示意图

第八节　措施项目工程量计算及定额应用

学习目标

1. 掌握装饰脚手架工程量计算及其定额应用。
2. 熟悉垂直运输工程量计算及其定额应用。
3. 熟悉超高增加工程量计算及其定额应用。

一、装饰脚手架工程量计算及定额应用

装饰脚手架工程量计算规则见表 3—8—1。

表 3—8—1　　装饰脚手架工程量计算规则

分项工程	计算规则	计算规则解读
高度超过 3.6 m 的内墙面装饰不能利用原砌筑脚手架时	按里脚手架计算规则计算装饰脚手架。装饰脚手架按双排里脚手架乘以 0.3 系数计算	内墙面装饰双排里脚手架工程量 = 内墙净长度 × 设计净高度 ×0.3 内墙装饰脚手架按装饰的结构面垂直投影面积（不扣除门窗洞口面积）计算
室内天棚装饰面距设计室内地坪在 3.6 m 以上时，可计算满堂脚手架	满堂脚手架按室内净面积计算，其高度为 3.61~5.2 m 时，计算基本层。超过 5.2 m 时，每增加 1.2 m 按增加一层计算，不足 0.6 m 的不计	室内净高超过 3.6 m 时，方可计算满堂脚手架。室内净高超过 5.2 m 时，方可计算增加层。增加层计算公式为：满堂脚手架增加层 =[室内净高度 -5.2（m）] ÷1.2（m）[计算结果 0.5 以内舍去]
外墙装饰不能利用主体脚手架施工时，可计算外墙装饰脚手架	按设计外墙装饰面积计算，套用相应定额项目。外墙油漆、涂刷者不计算外墙装饰脚手架	外墙装饰脚手架 = 装饰面长度 × 装饰面高度

【案例 3—8—1】某顶棚抹灰，尺寸如图 3—8—1 所示，搭设钢管满堂脚手架。计算满堂脚手架工程量，确定定额基价。

分析：室内净高 =6.00-0.12=5.88 m，超过 5.2 m，因此应计算基本层和增加层，工程量均按室内净面积计算。

解：满堂脚手架工程量 =（8.00-0.24）×（6.90-0.24）=51.68 m^2

增加层 =（6.00-0.12-5.2）÷1.2=0.57 层≈ 1 层

钢管满堂脚手架（净高 5.88 m），查附表七，套定额编号为 10-1-27 和 10-1-28 的定额子目。

定额基价 =105.22+22.20=127.42 元 /10 m^2

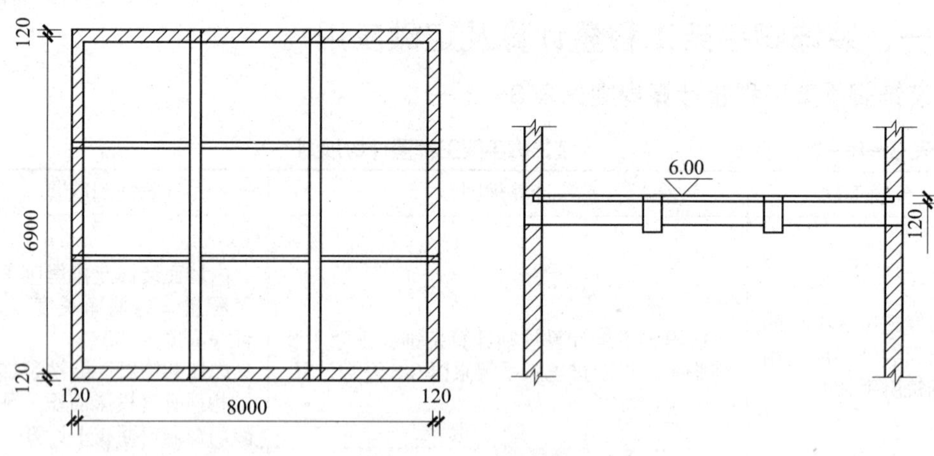

图 3—8—1　某顶棚图

二、垂直运输机械工程量计算及定额应用

垂直运输机械工程量计算规则及使用说明见表 3—8—2。

表 3—8—2　　垂直运输机械工程量计算规则及使用说明

措施项目名称	计算规则	使用说明
建筑物外墙装饰工程垂直运输机械	按建筑物外墙装饰的垂直投影面积（不扣除门窗洞口，凸出外墙部分及侧壁也不增加）以 m^2 计算	适用于由外墙装修施工单位自设垂直运输机械施工情况。外墙装修是指各类幕墙、镶贴或干挂各类板材等内容。外墙装修高度，是指设计室外地坪至外墙装饰顶面的高度
建筑物内装修工程垂直运输机械	按“建筑面积计算规则”计算	适用于建筑物主体工程完成后，由装修施工单位自设垂直运输机械施工的情况。子目中的层数，指建筑物（不含地下室）的总层数。按“建筑面积计算规则”计算出面积后，再按所装修的建筑物层数套用相应定额项目

【案例 3—8—2】某装饰工程公司承接一幢 22 层住宅楼的内装修工程，该建筑物的建筑面积为 8 800 m^2，合同规定，垂直运输机械由装饰公司自设，在工程预算时，造价员应计取垂直运输机械费多少元？

分析：本题为装饰公司自设垂直运输机械的内装饰工程，其工程量即为建筑面积。

解：垂直运输机械工程量 =8 800 m^2，查附表八，套定额编号为 10-2-107 的定额子目。

定额基价 =96.00 元 /10 m^2

所以垂直运输机械费 =96×880=84 480 元

三、超高增加工程量计算及定额应用

1. 工程量计算规则

建筑物内装修工程的超高人工增加，按施工层数的全部人工数量乘以定额内分层降效系数计算。

2. 应用说明

建筑物内装饰超高人工增加，适用于建设单位单独发包内装饰工程的情况。6 层以下的单独内装饰工程，不计算超高人工增加。定额中“× 层—× 层之间”指单独内装饰施工所在的层数，不是指建筑物总层数。

【案例 3—8—3】某装饰公司承接一幢酒店的七层、八层、九层的内装修工程，经计算，其全部人工费为 589 624.36 元，其人工超高增加费应计多少？

分析：根据工程量计算规则，建筑物内装修工程的超高人工增加应按人工费乘以相应系数，人工费已知，系数在价目表中查得。

解：查附表八，套定额编号为 10-2-63 的定额子目。

人工超高增加费 =589 624.36×10%=58 962.44 元。

思考与练习

一、简答题

1. 简述装饰脚手架工程量计算规则。

2. 在什么情况下可计算满堂脚手架?

3. 怎样计算垂直运输机械工程量?

4. 如何计算建筑物内装饰超高人工增加费?

二、计算题

1. 某顶棚净高为 6.36 m，净面积为 80 m^2，请计算其满堂脚手架的省价直接工程费。

2. 某工程为 12 层的小高层，建筑面积为 8 000 m^2，内装饰工程单独发包，由某装饰工程公司自备垂直运输机械，请问：装饰公司在做预算时应计取的垂直运输机械费是多少元?

第四章　工程量清单计价模式

第一节　建筑工程工程量清单计价规范

学习目标

1. 掌握工程量清单计价的主要内容及特点。
2. 熟悉工程量清单计价与定额计价方式的不同点。

一、计价规范主要内容及术语

1. 主要内容

建筑工程工程量清单计价规范按照国家标准《建设工程工程量清单计价规范》（GB 50500—2013）执行。工程量清单计价方法，是建设工程招标投标中，招标人按照国家统一的工程量计算规则提供工程数量，投标人依据工程量清单自主报价，并按照评审低价中标的工程造价计价方式，适用于建设工程发包承包及实施阶段的计价活动。

（1）建设工程发包承包及实施阶段的工程造价由分部分项工程费、措施项目费、其他项目费、规费和税金组成。

（2）工程量清单计价采用综合单价计价。考虑我国具体国情，综合单价不包括非竞争性的规费和税金，规费和税金按相关规定单独取费。

（3）招标工程量清单、招标控制价、投标报价、工程计量、合同价款调整、合同价款结算与支付及工程造价鉴定等工程造价文件的编制与核对，应由具有专业资格的工程造价人员承担。

（4）承担工程造价文件的编制与核对的工程造价人员及其所在单位，应对工程造价文件的质量负责。

（5）建设工程发包承包及实施阶段的计价活动应遵循客观、公正、公平的原则。

2. 相关术语

（1）工程量清单。载明建设工程分部分项工程项目、措施项目、其他项目的名称和相应数量，以及规费、税金项目等内容的明细清单。

（2）措施项目。为完成工程项目施工，发生于该工程施工准备和施工过程中的技术、生活、安全、环境保护等方面的项目。

（3）综合单价。完成一个规定清单项目所需的人工费、材料费和工程设备费、施工机具使用费和企业管理费、利润及一定范围内的风险费用。

（4）暂列金额。招标人在工程量清单中暂定并包括在合同价款中的一笔款项。用于工程合同签订时尚未确定或者不可预见的所需材料、工程设备、服务的采购，施工中可能发生的工程变更、合同约定调整因素出现时的合同价款调整及发生的索赔、现场签证等确认的费用。

（5）招标控制价。招标人根据国家或省级、行业建设主管部门颁发的有关计价依据和办法，以及拟订的招标文件和招标工程量清单，结合工程具体情况编制的招标工程的最高投标限价。

（6）投标价。投标人投标时响应招标文件要求所报出的对已标价工程量清单汇总后标明的总价。

二、计价规范的特点

1. 强制性

强制性主要表现在两个方面：一是由建设主管部门按照强制性国家标准的要求批准颁布，规定全部使用国有资金或国有资金投资为主的大中型建设工程应按计价规范规定执行；二是明确工程量清单是招标文件的组成部分，并规定了招标人在编制工程量清单时必须遵守的规则，做到四统一，即统一项目编码、统一项目名称、统一计量单位、统一工程量计算规则。

2. 实用性

标准附录中工程量清单项目及计算规则的项目名称表现的是工程实体项目，项目名称明确清晰，工程量计算规则简洁明了；特别还列有项目特征和工程内容。易于编制工程量清单时确定具体项目名称和投标报价。

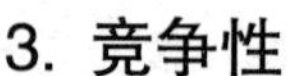

3. 竞争性

竞争性主要表现在两个方面：一是“计价规范”中的措施项目，在工程量清单中只列“措施项目”一栏，具体采用什么措施，如模板、脚手架、临时设施、施工排水等详细内容由投标人根据企业的施工组织设计，视具体情况报价，因为这些项目在各个企业间各有不同，是企业竞争项目，是留给企业竞争的空间；二是“计价规范”中人工、材料和施工机械没有具体的消耗量，投标企业可以依据企业的定额和市场价格信息，也可以参照建设行政主管部门发布的社会平均消耗量定额进行报价，“计价规范”将报价权交给了企业。

4. 通用性

采用工程量清单计价将与国际惯例接轨，符合工程量计算方法标准化、工程量计算规则统一化、工程造价确定市场化的要求。

三、工程量清单计价与定额计价方式的不同

1. 计算内容不同

工程量清单计价方式的工程量一般由招标人提供，当投标报价所采用的定额工程量计算规则与清单规定的工程量计算规则相吻合时，投标人不用再计算工程量，而在定额计价方式下，造价人员要按图样逐项计算工程量。

2. 计算依据不同

“定额”计价方式必须依据各省规定的预算定额、费用定额和工料机单价来计算工程造价。工程量清单计价方式没有统一的要求，投标人可自己确定采用什么定额，采用什么样的工料机单价来计算投标报价。

3. 费用项目划分不同

传统“定额”计价方式将工程造价划分为直接费、间接费、利润、税金四部分费用。工程量清单计价将工程造价划分为分部分项工程费、措施项目费、其他项目费、规费、税金五个部分。

4. 分部分项工程项目包括的内容不同、计算规则不同

传统的“定额”计价方式的分部分项工程一般按施工工序进行设置，包含的工程内容较单一，据此规定了相对应的工程量计算规则；工程量清单计价方式的分部分项工程划分，一般是以一个“综合实体”考虑的，一般包括多个分项工程的内

容，据此规定了相对应的工程量计算规则。

思考与练习

一、名词解释

1. 措施项目。

2. 招标控制价。

二、简答题

1. 综合单价包括哪几部分内容?

2. 简述计价规范的特点。

第二节　工程量清单编制

学习目标

1. 熟悉工程量清单编制的相关规定。
2. 掌握分部分项工程量清单编制。

一、一般规定

1. 招标工程量清单应由具有编制能力的招标人或受其委托、具有相应资质的工程造价咨询人编制。

2. 招标工程量清单必须作为招标文件的组成部分，其准确性和完整性应由招标人负责。

3. 招标工程量清单是工程量清单计价的基础，应作为编制招标控制价、投标报价、计算或调整工程量、索赔等的依据之一。

4. 招标工程量清单应以单位（项）工程为单位编制，应由分部分项工程项目清单、措施项目清单、其他项目清单、规费和税金项目清单组成。

5. 编制招标工程量清单应依据：(1)《建设工程工程量清单计价规范》(GB 50500—2013)和相关工程的国家计量规范。(2)国家或省级、行业建设主管部门颁发的计价定额和办法。(3)建设工程设计文件及相关资料。(4)与建设工程有关的标准、规范、技术资料。(5)拟订的招标文件。(6)施工现场情况、地勘水文资料、工程特点及常规施工方案。（7）其他相关资料。

二、分部分项工程项目清单编制要点

1. 分部分项工程项目清单必须载明项目编码、项目名称、项目特征、计量单位和工程量。

2. 分部分项工程量清单应按“四统一”的规则编制，即项目编码、项目名称、计量单位和工程量计算规则全国统一。

3. 分部分项工程项目清单编码以 12 位阿拉伯数字表示，前 9 位全国统一，后 3 位由清单编制人根据清单项目设置的数量自 001 起顺序编制。

4. 项目名称与计量单位应按计价规范附录规定填写。

5. 工程数量应按计价规范中的“工程量计算规则”计算。各分部分项工程项目清单的具体计算，将在第五章中详细讲述。

【案例 4—2—1】某住宅楼，现浇水磨石楼地面，面层厚 20 mm，1∶2.5 水泥白石子浆面层。面层形式有两种：一种是水泥白石子浆面层嵌玻璃，工程数量为 2 860.78 m^2；另一种是水泥白石子浆面层分格调色，嵌铜条，工程数量为 1 266.96 m^2。该分部分项工程项目清单编写格式要求，见表 4—2—1。

表 4—2—1　　分部分项工程项目清单

工程名称：某住宅楼工程

序号	项目编码	项目名称	项目特征	计量单位	工程数量
		楼地面工程			
1	011101002001	现浇水磨石楼地面	1. 面层厚度、配合比：厚 20 mm，1∶2.5 水泥白石子浆 2. 面层形式：嵌玻璃条	m^2	2 860.78
2	011101002002	现浇水磨石楼地面	1. 面层厚度、配合比：厚 20 mm，1∶2.5 水泥白石子浆 2. 面层形式：分格调色，嵌铜条	m^2	1 266.96

三、措施项目清单的编制要点

1. 措施项目清单必须根据相关工程现行国家计量规范的规定编制。

2. 措施项目清单应根据拟建工程的实际情况列项。

【案例 4—2—2】某工程根据相关计算得出：安全文明施工费为 209 650 元，夜间施工增加费为 12 479 元，二次搬运费为 8 386 元，冬雨季施工增加费为 5 032 元，已完工程及设备保护费为 6 000 元。请编制措施项目清单。

解：措施项目清单见表 4—2—2。

表 4—2—2 **总价措施项目清单与计价表**

工程名称：×× 中学教学楼工程 标段：

序号	项目编码	项目名称	计算基础	费率（%）	金额（元）	调整费率（%）	调整后金额（元）	备注
		安全文明施工费	定额人工费	25	209 650			
		夜间施工增加费	定额人工费	1.5	12 479			
		二次搬运费	定额人工费	1	8 386			
		冬雨季施工增加费	定额人工费	0.6	5 032			
		已完工程及设备保护费			6 000			
合计								

编制人（造价人员）： 复核人（造价工程师）：

注：①“计算基础”中安全文明施工费可为“定额基价”“定额人工费”或“定额人工费 + 定额机械费”，其他项目可为“定额人工费”或“定额人工费 + 定额机械费”。

②按施工方案计算的措施费，若无“计算基础”和“费率”的数值，也可只填“金额”数值，但应在备注栏说明施工方案出处或计算方法。

四、其他项目清单编制要点

1. 其他项目清单应按照下列内容列项：暂列金额；暂估价，包括材料暂估单价、工程设备暂估单价、专业工程暂估价；计日工；总承包服务费。

2. 暂列金额应根据工程特点按有关计价规定估算。

3. 暂估价中的材料、工程设备暂估单价应根据工程造价信息或参照市场价格估算，列出明细表；专业工程暂估价应分不同专业，按有关计价规定估算，列出明细表。

4. 计日工应列出项目名称、计量单位和暂估数量。

5. 总承包服务费应列出服务项目及其内容等。

【案例 4—2—3】某工程根据相关规定估算如下：暂列金额 350 000 元，专业工程暂估价 200 000 元，计日工 265 828 元，总包服务费 20 760 元，请编制其他项目清单。

解：其他项目清单见表 4—2—3。

表 4—2—3　其他项目清单与计价汇总表

工程名称：×× 中学教学楼工程　　标段：

序号	项目名称	金额（元）	结算金额（元）
1	暂列金额	350 000	
2	暂估价	200 000	
2.1	材料暂估价	—	
2.2	专业工程暂估价	200 000	
3	计日工	265 828	
4	总承包服务费	20 760	
合计		836 588	

注：材料（工程设备）暂估单价进入清单项目综合单价，此处不汇总。

五、规费

规费项目清单应按照下列内容列项：社会保险费，包括养老保险费、失业保险费、医疗保险费、工伤保险费、生育保险费；住房公积金；工程排污费。

出现未列的项目，应根据省级政府或省级有关部门的规定列项。

六、税金

税金项目清单应包括下列内容：营业税；城市维护建设税；教育费附加；地方教育附加。

出现未列的项目，应根据税务部门的规定列项。

思考与练习

一、填空题

1. 分部分项工程项目清单必须载明________、________、________、________和________。

2. 分部分项工程项目清单编码以________位阿拉伯数字表示，其中前______位全国统一。

3. 招标工程量清单的准确性和完整性由________负责。

4. 招标工程量清单由________、________、________、________和________组成。

二、简答题

1. 编制工程量清单的依据有哪些?

2. 其他项目工程量清单包括哪些内容?

3. 规费项目清单包括哪些内容?

第三节　工程量清单报价

学习目标

1. 掌握分部分项工程量清单计价表的编制。
2. 掌握利用“反算法”求综合单价的计算步骤。

一、一般规定

工程量清单报价是指投标人根据招标人发出的工程量清单而做出的相应报价。

1. 投标价应由投标人或受其委托具有相应资质的工程造价咨询人编制。

2. 投标报价不得低于工程成本。

3. 投标人必须按招标工程量清单填报价格。项目编码、项目名称、项目特征、计量单位、工程量必须与招标工程量清单一致。

4. 投标人的投标报价高于招标控制价的应予废标。

5. 投标总价应当与分部分项工程费、措施项目费、其他项目费和规费、税金的合计金额一致。

二、分部分项工程项目清单报价

分部分项工程项目清单报价，其核心是综合单价的确定，综合单价的计算有"正算法"和"反算法"两种。"正算法"是先计算综合单价，后求合价，这种方法较为复杂，目前用得较少。"反算法"是先求合价，后求综合单价，其计算过程易于理解和掌握。本书第五章的所有计算均采用"反算法"，按"反算法"确定综合单价的计算顺序如下：

1. 确定工程内容

根据工程量清单项目和拟建工程的实际，确定该清单项目的主体及其相关工程内容。

2. 计算工程数量

按现行定额工程量计算规则的规定，分别计算工程量清单项目所包含的每项工程内容的工程数量。

3. 选择定额

根据确定的工程内容，分别选定定额，确定人工、材料、机械台班消耗量。

4. 选择单价

参照工程造价管理机构发布的人工、材料、机械台班信息价格，确定相应单价。

5. "工程内容"的人、材、机价款

计算清单项目各工程内容的人工、材料、机械台班价款。

工程内容的人、材、机价款 = Σ（人、材、机消耗量 × 人、材、机单价）× 相应内容工程数量

6. 工程量清单项目人、材、机价款

计算工程量清单项目人工、材料、机械台班价款。

工程量清单项目人、材、机价款 = 工程内容的人、材、机价款之和

7. 选定费率

参照工程造价主管部门发布的相关费率，结合企业和市场的情况，确定企业管

理费率、利润率。

8. 计算合价

装饰装修工程合价 = 工程量清单项目人、材、机价款 + 工程量清单项目人、材、机价款中的人工费 ×（企业管理费率 + 利润率）

9. 确定综合单价

综合单价 = 合价 ÷ 相应清单项目工程数量

【案例 4—3—1】某住宅楼地面装饰工程，招标方给出的工程量清单见表 4—3—1，请编制该清单计价表。假定找平层与面层数量相同，面层的清单计算规则与现行定额规定一致。

表 4—3—1　　分部分项工程项目清单

序号	项目编号	项目名称	项目特征	计算单位	工程数量
1	011102003001	块料楼地面	1. 找平层厚度、砂浆配合比：1∶3 水泥砂浆 20 mm 厚 2. 地面材料品种规格：全瓷地板砖 600 mm × 600 mm	m^2	180

解：块料面层工程项目清单计价表的编制如下：

（1）确定工程内容

根据清单项目特征描述，该清单项目的工程内容包括 1∶3 水泥砂浆找平层，面层铺设。

（2）按现行定额工程量计算规则计算各工程内容的工程量

块料面层工程量 =180 m^2

找平层工程量 =180 m^2

（3）选择定额

600 mm × 600 mm 全瓷地板砖铺贴，查附表一，套定额编号为 9–1–114 的定额子目。

1∶3 水泥砂浆垫层 20 mm 厚，查附表一，套定额编号为 9–1–1 的定额子目。

（4）选择单价

实际工程中应选择当时当地人、材、机市场价。在教学过程中，选择省价目表中的单价。

块料面层基价 =737.32 元 /10 m^2，其中人工费 =184.97 元 /10 m^2

找平层基价 =96.92 元 /10 m^2，其中人工费 =41.34 元 /10 m^2

（5）“工程内容”人、材、机价款

块料面层人、材、机价款 =737.32×18=13 271.76 元，其中人工费 =184.97×18=3 329.46 元

找平层人、材、机价款 =96.92×18=1 744.56 元，其中人工费 =41.34×18=744.12 元

（6）工程项目清单人、材、机价款

工程项目清单的人、材、机价款 =13 271.76+1 744.56=15 016.32 元，其中人工费 =3 329.46+744.12=4 073.58 元

（7）选定费率

参照工程造价主管部门发布的相关费率，结合市场情况，确定企业管理费率和利润率，分别为 81% 和 22%。

（8）计算合价

合价 =15 016.32+4 073.58×（81%+22%）=19 212.11 元

（9）确定综合单价

综合单价 =19 212.11÷180=106.7 元 /10 m^2

工程量清单计价表见表 4—3—2。

表 4—3—2　　工程量清单计价表

序号	项目编号	项目名称	项目特征	计算单位	工程数量	金额（元）	
						综合单价	合价
1	011102003001	块料楼地面	1. 找平层厚度、砂浆配合比：1∶3 水泥砂浆 20 mm 厚 2. 地面材料品种规格：全瓷地板砖 600 mm×600 mm	m^2	180	106.70	19 212.11

注意：在实际工程中，直接工程费应采用市场价格，而作为企业管理费和利润的计费基础的人工费应采用价目表中的人工价格。在教学过程中，两者均采用价目

表中的人、材、机单价。

思考与练习

一、单项选择题

1. 投标报价不得低于（　　）。

A. 预算价格　　B. 工程成本

C. 估算价格　　D. 概算价格

2. 投标人的投标报价高于（　　）的应予废标。

A. 招标控制价　　B. 设计概算

C. 施工预算　　D. 施工图预算

二、简述题

简述分部分项工程项目清单综合单价的计算程序。

第五章　工程量清单应用

第一节　楼地面工程项目清单编制与报价

学习目标

1. 掌握整体面层工程量清单的编制与报价。
2. 掌握块料面层工程量清单的编制与报价。

一、整体面层

1. 工程量计算规范相关规定

整体面层及找平层工程量清单项目的设置、项目特征描述的内容、计量单位及工程量计算规则应按表 5—1—1 的规定执行。

表 5—1—1　　整体面层及找平层（编码：011101）

<table>
<tr><th>项目编码</th><th>项目名称</th><th>项目特征</th><th>计量单位</th><th>工程量计算规则</th><th>工作内容</th></tr>
<tr><td>011101001</td><td>水泥砂浆楼地面</td><td>1. 找平层厚度、砂浆配合比
2. 素水泥浆遍数
3. 面层厚度、砂浆配合比
4. 面层做法要求</td><td rowspan="3">m^2</td><td rowspan="3">按设计图示尺寸以面积计算。扣除凸出地面构筑物、设备基础、室内铁道、地沟等所占面积，不扣除间壁墙及≤0.3 m^2柱、垛、附墙烟囱及孔洞所占面积。门洞、空圈、暖气包槽、壁龛的开口部分不增加面积</td><td>1. 基层清理
2. 抹找平层
3. 抹面层
4. 材料运输</td></tr>
<tr><td>011101002</td><td>现浇水磨石楼地面</td><td>1. 找平层厚度、砂浆配合比
2. 面层厚度、水泥石子浆配合比
3. 嵌条材料种类、规格
4. 石子种类、规格、颜色
5. 颜料种类、颜色
6. 图案要求
7. 磨光、酸洗、打蜡要求</td><td>1. 基层清理
2. 抹找平层
3. 面层铺设
4. 嵌缝条安装
5. 磨光、酸洗打蜡
6. 材料运输</td></tr>
<tr><td>011101003</td><td>细石混凝土楼地面</td><td>1. 找平层厚度、砂浆配合比
2. 面层厚度、混凝土强度等级</td><td>1. 基层清理
2. 抹找平层
3. 面层铺设
4. 材料运输</td></tr>
</table>

续表

项目编码	项目名称	项目特征	计量单位	工程量计算规则	工作内容
011101004	菱苦土楼地面	1. 找平层厚度、砂浆配合比 2. 面层厚度 3. 打蜡要求	m^2	按设计图示尺寸以面积计算。扣除凸出地面构筑物、设备基础、室内铁道、地沟等所占面积，不扣除间壁墙及≤0.3 m^2柱、垛、附墙烟囱及孔洞所占面积。门洞、空圈、暖气包槽、壁龛的开口部分不增加面积	1. 基层清理 2. 抹找平层 3. 面层铺设 4. 打蜡 5. 材料运输
011101005	自流坪楼地面	1. 找平层砂浆配合比厚度 2. 界面剂材料种类 3. 中层漆材料种类、厚度 4. 面漆材料种类、厚度 5. 面层材料种类			1. 基层处理 2. 抹找平层 3. 涂界面剂 4. 涂刷中层漆 5. 打磨、吸尘 6. 镘自流平面漆（浆） 7. 拌和自流平浆料 8. 铺面层
011101006	平面砂浆找平层	找平层厚度、砂浆配合比		按设计图示尺寸以面积计算	1. 基层清理 2. 抹找平层 3. 材料运输

注：1. 水泥砂浆面层处理是拉毛还是提浆压光应在面层做法要求中描述。

2. 平面砂浆找平层只适用于仅做找平层的平面抹灰。

3. 间壁墙指墙厚≤ 120 mm 的墙。

4. 楼地面混凝土垫层另按垫层项目编码列项，除混凝土外的其他材料垫层按规范垫层项目编码列项。

2. 案例应用

【案例 5—1—1】 住宅楼一层住户平面如图 5—1—1 所示。地面做法：3∶7 灰土垫层 300 mm 厚，60 mm 厚 C15 细石混凝土找平层，细石混凝土现场搅拌，20 mm 厚 1∶3 水泥砂浆面层。编制整体面层工程量清单及清单报价，地面垫层及混凝土搅拌由甲方完成，不计入报价。

分析： 整体面层清单计算规则与第三章定额计算规则一致，所以在报价时，可以直接采用清单数量按面层、找平层分别套相应定额。求出直接工程费（即人、材、机价款）和人工费，再按公式求出合价，从而求得综合单价，定额基价及人工费在附表中查找。

解：（1）整体面层工程项目清单的编制

整体面层工程量 =（厨房）(2.80−0.24）×（2.80−0.24）+（餐厅）(2.80+1.50−0.24）×（0.90+1.80−0.24）+（门厅）(4.20−0.24）×（1.80+2.80−0.24）−（1.50−0.24）×（1.80−0.24）+（厕所）(2.70−0.24）×（1.50+0.90−0.24）+（卧室）（4.50−0.24）×（3.40−0.24）+（大卧室）(4.50−0.24）×（3.60−0.24）+（阳台）（1.38−0.12）×（3.60+3.40+0.25−0.12）=6.554+9.988+15.30+5.314+13.462+14.314+8.984=73.92 m^2

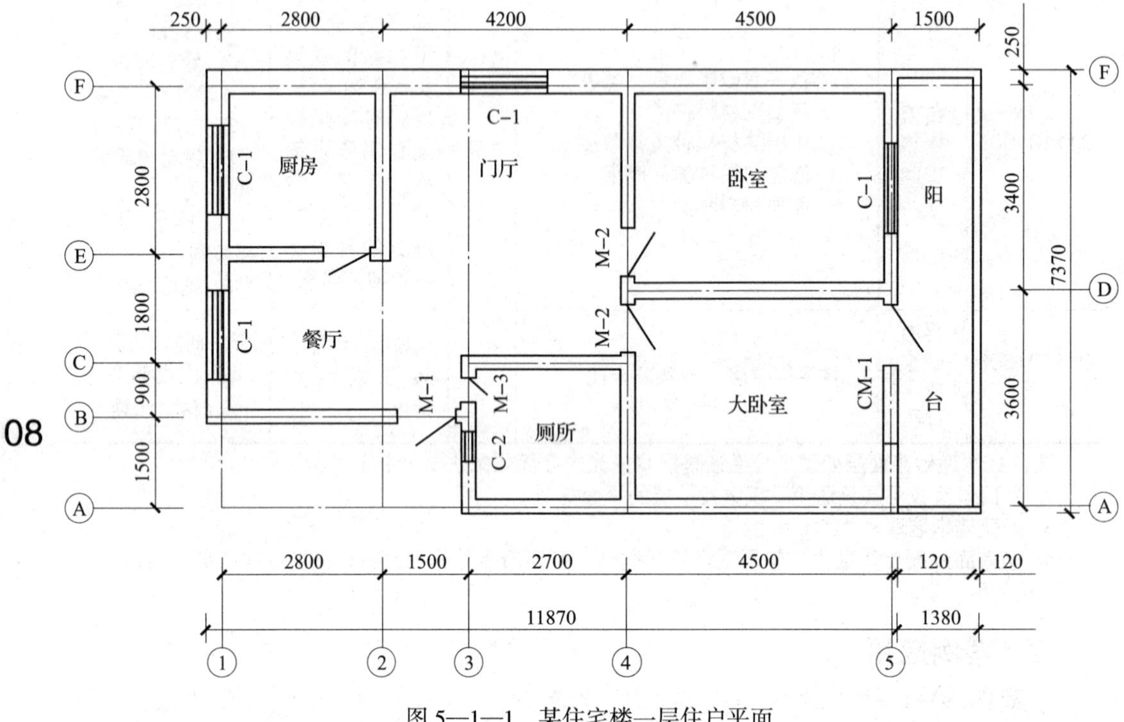

图 5—1—1　某住宅楼一层住户平面

工程项目清单见表 5—1—2。

表 5—1—2　分部分项工程项目清单

工程名称：某工程

序号	项目编号	项目名称	项目特征	计算单位	工程数量
1	011101001001	水泥砂浆楼地面	1. 找平层厚度、强度等级：60 mm 厚，C15 细石混凝土 2. 面层厚度、配合比：20 mm 厚，1∶3 水泥砂浆	m^2	73.92

（2）整体面层工程项目清单计价表的编制

1）整体面层项目发生的工程内容：混凝土找平层、水泥砂浆面层。

2）按现行定额工程量计算规则计算各工程内容的工程量并套项计算各工程内容的人、材、机价款（直接工程费）。

①整体面层工程量 =（2.80−0.24）×（2.80−0.24）+（2.80+1.50−0.24）×（0.90+1.80−0.24）+（4.20−0.24）×（1.80+2.80−0.24）−（1.50−0.24）×（1.80−0.24）+（2.70−0.24）×（1.50+0.90−0.24）+（4.50−0.24）×（3.40−0.24）+（4.50−0.24）×（3.60−0.24）+（1.38−0.12）×（3.60+3.40+0.25−0.12）= 73.92 m^2

20 mm 厚 1∶3 水泥砂浆面层，查附表一，套定额编号为 9−1−9 的定额子目。

基价 =128.55 元 /10 m^2，其中人工费 =54.59 元 /10 m^2

所以直接工程费 =128.55×7.392=950.24 元

其中人工费 =54.59×7.392=403.53 元

②细石混凝土找平层工程量 =73.92 m^2

60 mm 厚 C15 细石混凝土找平层，查附表一，套定额编号为 9−1−4 及 9−1−5 的定额子目。

基价 =159.02+19.96×4=238.86 元 /10 m^2

其中人工费 =54.59+7.42×4=84.27 元 /10 m^2

所以直接工程费 =238.86×7.392=1 765.65 元

其中人工费 =84.27×7.392=622.92 元

3）各工程内容直接工程费及人工费合计。

直接工程费 =950.24+1 765.65=2 715.89 元

其中

人工费 =403.53+622.92=1 026.45 元

4）根据企业情况确定企业管理费费率为人工费的 140 %和利润率为人工费的 60 %。

5）合价 =2 715.89+1 026.45×（140 % +60 %）=4 768.79 元

6）综合单价 =4 768.79÷73.92=64.51 元 /m^2

工程项目清单计价见表 5—1—3。

表 5—1—3　　　　分部分项工程项目清单计价表

工程名称：某工程

序号	项目编号	项目名称	项目特征	计量单位	工程数量	金额（元）	
						综合单价	合价
1	011101001001	水泥砂浆楼地面	1. 找平层厚度、强度等级：60 mm 厚，C15 细石混凝土 2. 面层厚度、配合比：20 m 厚，1∶3 水泥砂浆	m^2	73.92	64.51	4 768.79

二、块料面层

1. 工程量计算规范

块料面层工程量清单项目的设置、项目特征描述的内容、计量单位及工程量计算规则应按表 5—1—4 的规定执行。

表 5—1—4　　　　块料面层（编码：011102）

项目编码	项目名称	项目特征	计量单位	工程量计算规则	工作内容
011102001	石材楼地面	1. 找平层厚度、砂浆配合比 2. 结合层厚度、砂浆配合比 3. 面层材料品种、规格、颜色 4. 嵌缝材料种类 5. 防护层材料种类 6. 酸洗、打蜡要求	m^2	按设计图示尺寸以面积计算。门洞、空圈、暖气包槽、壁龛的开口部分并入相应的工程量内	1. 基层清理 2. 抹找平层 3. 面层铺设、磨边 4. 嵌缝 5. 刷防护材料 6. 酸洗、打蜡 7. 材料运输
011102002	碎石材楼地面				
011102003	块料楼地面				

注：1. 在描述碎石材项目的面层材料特征时可不用描述规格、颜色。
2. 石材、块料与黏结材料的结合面刷防渗材料的种类在防护层材料种类中描述。
3. 本表工作内容中的磨边指施工现场磨边，后面章节工作内容中涉及的磨边含义同。

2. 案例应用

【案例 5—1—2】某工程平面如图 5—1—2 所示，附墙垛为 240 mm × 240 mm，门洞宽 1 000 mm，找平层 1∶3 水泥砂浆 20 mm 厚，地面用水泥砂浆粘贴全瓷地板砖，规格 600 mm × 600 mm，边界到门扇下面，请编制块料面层工程量清单并报价。

分析：块料面层工程量清单计算规则与整体面层不同，其工程量按实铺面积计。故要减去两个垛所占面积，加上内门底边面积和外门内侧底边面积。报价时，各工程内容工程量应按定额规定分别计算，套用相应定额。

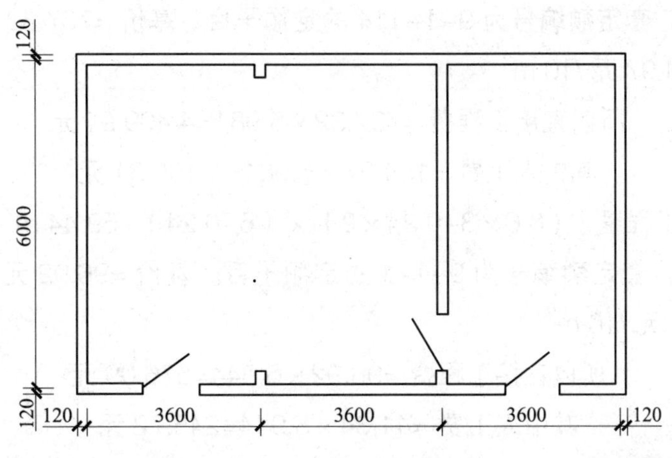

图 5—1—2　某工程平面图

解：（1）块料面层工程量清单编制

按清单工程量计算规则计算块料面层的工程量：

S=（3.6×3−0.24×2）×（6−0.24）−0.24×0.24×2+1×0.24+1×0.12×2

=59.81 m^2

工程项目清单见表 5—1—5。

表 5—1—5　　分部分项工程项目清单

工程名称：某工程

序号	项目编号	项目名称	项目特征	计量单位	工程数量
1	011102003001	块料楼地面	1. 找平层厚度，砂浆配合比：20 mm 厚，1∶3 水泥砂浆 2. 面层材料品种规格：全瓷地板砖 600 mm×600 mm	m^2	59.81

（2）块料面层工程量清单计价表的编制

1）清单项目包含的工程内容：1∶3 水泥砂浆找平层，面层铺设。

2）按现行定额工程量计算规则计算各工程内容的工程量并套定额计算直接工程费。

①块料面层工程量 =（3.6×3−0.24×2）×（6−0.24）−0.24×0.24×2+1×0.24+1×0.12×2=59.81 m^2

查附表一，套定额编号为 9-1-114 的定额子目。基价 =737.32 元 /10 m^2，其中人工费 =184.97 元 /10 m^2

所以直接工程费 =737.32×5.981=4 409.91 元

其中人工费 =184.97×5.981=1 106.31 元

②找平层工程量 =（3.6×3−0.24×2）×（6−0.24）=59.44 m^2

查附表一，套定额编号为 9-1-1 的定额子目。基价 =96.92 元 /10 m^2，其中人工费 =41.34 元 /10 m^2

所以直接工程费 =96.92×5.944=576.09 元

其中人工费 =41.34×5.944=245.72 元

3）直接工程费合计

直接工程费 =4 409.91+576.09=4 986 元

其中人工费 =1 106.31+245.72=1 352.03 元

4）根据企业情况，确定企业管理费费率为 81%，利润率为 22%。

5）合价 =4 986+1 352.03×（81%+22%）=6 378.59 元

6）综合单价 =6 378.59÷59.81=106.65 元 /m^2

工程项目清单计价表见表 5—1—6。

表 5—1—6　　分部分项工程项目清单计价表

工程名称：某工程

序号	项目编号	项目名称	项目特征	计量单位	工程数量	金额（元）	
						综合单价	合价
1	011102003001	块料楼地面	1. 找平层厚度，砂浆配合比：20 mm 厚，1∶3 水泥砂浆 2. 面层材料品种规格：全瓷地板砖 600 mm×600 mm	m^2	59.81	106.65	6 378.59

思考与练习

一、简答题

1. 编制整体面层工程项目清单时，怎样计算工程量？应扣除哪些内容？不扣

除哪些内容?

2. 编制块料面层工程项目清单时，其工程量计算规则是什么? 与整体面层计算规则有什么区别?

二、计算题

1. 某工程平面如图 5—1—3 所示，附墙垛为 240 mm×240 mm，门洞宽为 1 200 mm，地面垫层为 C15 混凝土，装修前已完成，采用 20 mm 厚 1∶3 水泥砂浆面层，请编制整体面层工程项目清单并进行报价。

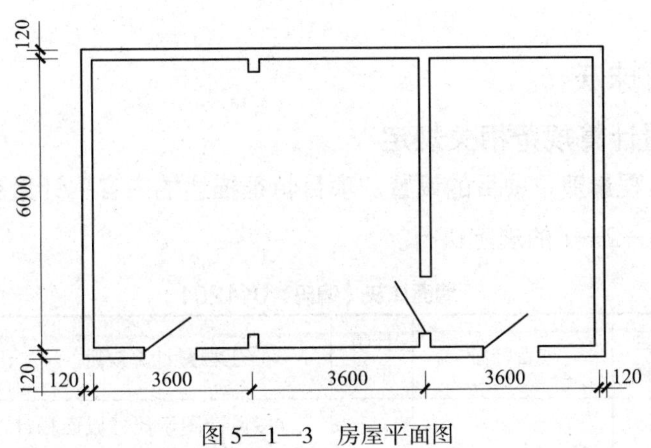

图 5—1—3　房屋平面图

2. 某工程平面如图 5—1—4 所示，地面做法为 1∶3 水泥砂浆找平 20 mm 厚，水泥砂浆粘贴大理石不分色，边界到门扇下面。请编制块料面层工程项目清单并报价。已知：门洞宽度为 1200 mm。

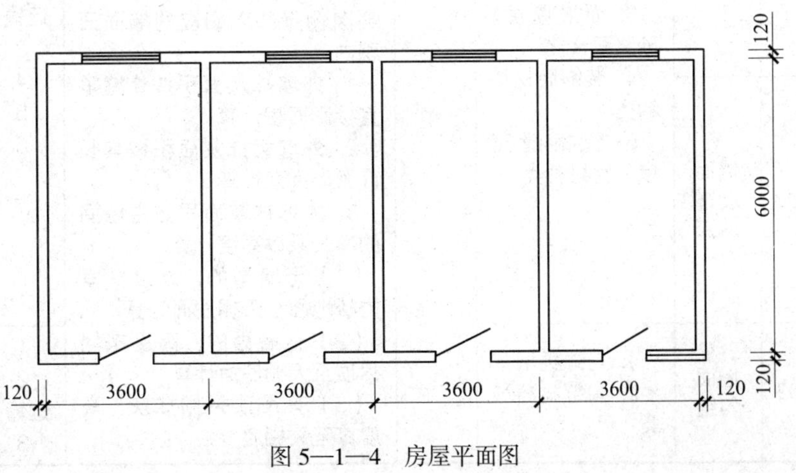

图 5—1—4　房屋平面图

第二节 墙柱面工程项目清单编制与报价

学习目标

1. 掌握墙、柱面抹灰项目的清单编制及报价。
2. 掌握墙、柱面镶贴项目的清单编制及报价。

一、墙面抹灰

1. 工程量计算规范相关规定

墙面抹灰工程量清单项目的设置、项目特征描述的内容、计量单位及工程量计算规则应按表 5—2—1 的规定执行。

表 5—2—1 墙面抹灰（编码：011201）

<table>
<tr><th>项目编码</th><th>项目名称</th><th>项目特征</th><th>计量单位</th><th>工程量计算规则</th><th>工作内容</th></tr>
<tr><td>011201001</td><td>墙面一般抹灰</td><td rowspan="2">1. 墙体类型
2. 底层厚度、砂浆配合比
3. 面层厚度、砂浆配合比
4. 装饰面材料种类
5. 分格缝宽度、材料种类</td><td rowspan="3">m^2</td><td rowspan="3">按设计图示尺寸以面积计算。扣除墙裙、门窗洞口及单个 > 0.3 m^2 的孔洞面积，不扣除踢脚线、挂镜线和墙与构件交接处的面积，门窗洞口和孔洞的侧壁及顶面不增加面积。附墙柱、梁、垛、烟囱侧壁并入相应的墙面面积内
1. 外墙抹灰面积按外墙垂直投影面积计算
2. 外墙裙抹灰面积按其长度乘以高度计算
3. 内墙抹灰面积按主墙间的净长乘以高度计算
（1）无墙裙的，高度按室内楼地面至天棚底面计算
（2）有墙裙的，高度按墙裙顶至天棚底面计算
（3）有吊顶天棚抹灰，高度算至天棚底</td><td rowspan="2">1. 基层清理
2. 砂浆制作、运输
3. 底层抹灰
4. 抹面层
5. 抹装饰面
6. 勾分格缝</td></tr>
<tr><td>011201002</td><td>墙面装饰抹灰</td></tr>
<tr><td>011201003</td><td>墙面勾缝</td><td>1. 勾缝类型
2. 勾缝材料种类</td><td>1. 基层清理
2. 砂浆制作、运输
3. 勾缝</td></tr>
</table>

续表

项目编码	项目名称	项目特征	计量单位	工程量计算规则	工作内容
011201004	立面砂浆找平层	1. 基层类型 2. 找平层砂浆厚度、配合比	m^2	4. 内墙裙抹灰面按内墙净长乘以高度计算	1. 基层清理 2. 砂浆制作、运输 3. 抹灰找平

注：1. 立面砂浆找平项目适用于仅做找平层的立面抹灰。

2. 墙面抹石灰砂浆、水泥砂浆、混合砂浆、聚合物水泥砂浆、麻刀石灰浆、石膏灰浆等按本表中墙面一般抹灰列项；墙面水刷石、斩假石、干粘石、假面砖等按本表中墙面装饰抹灰列项。

3. 飘窗凸出外墙面增加的抹灰并入外墙工程量内。

4. 有吊顶天棚的内墙面抹灰，抹至吊顶以上部分在综合单价中考虑。

2. 案例应用

【案例 5—2—1】某砖混结构工程如图 5—2—1 所示。内墙面抹灰 1∶2 水泥砂浆打底，1∶3 石灰砂浆找平层，麻刀石灰浆面层，共 18 mm 厚。内墙裙采用 1∶3 水泥砂浆打底（14 mm 厚），1∶2.5 水泥砂浆面层（6 mm 厚）。编制墙面一般抹灰工程量清单和清单报价。

分析：清单报价时，按定额计算工程量及直接工程费部分，对照第三章案例 3—3—1，分析两者之间的内在联系。

解：（1）墙面一般抹灰工程量清单的编制

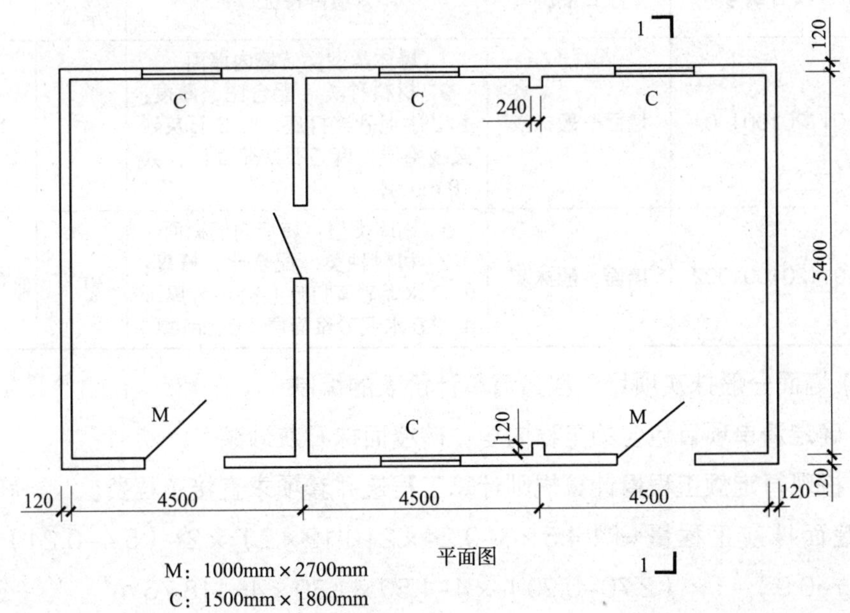

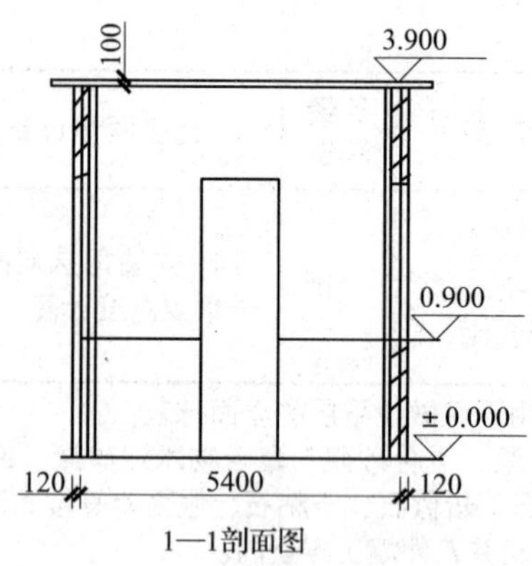

1—1剖面图

图 5—2—1　某砖混结构工程图

内墙面抹灰工程量 =[（4.50×3−0.24×2+0.12×2）×2+（5.40−0.24）×4]×（3.90−0.10−0.90）−1.00×（2.70−0.90）×4−1.50×1.80×4=118.76 m^2

内墙裙工程量 =[（4.50×3−0.24×2+0.12×2）×2+（5.40−0.24）×4−1.00×4]×0.90=38.84 m^2

工程量清单见表 5—2—2。

表 5—2—2　　　　　　　　分部分项工程量清单表

工程名称：某工程

序号	项目编号	项目名称	项目特征	计量单位	工程数量
1	011201001001	墙面一般抹灰	1. 墙体类型：砖墙内墙面 2. 材料种类、配合比、厚度：1∶2 水泥砂浆打底，1∶3 石灰砂浆找平层，麻刀石灰浆面层，共 18 mm 厚	m^2	118.76
2	011201001002	墙面一般抹灰	1. 墙体类型：砖墙内墙裙面 2. 材料种类、配合比、厚度：1∶3 水泥砂浆打底（14 mm 厚），1∶2.5 水泥砂浆面层（6 mm 厚）	m^2	38.84

（2）墙面一般抹灰项目工程量清单计价表的编制

1）确定清单项目包含的工程内容：砖墙面抹石灰砂浆。

2）按现行定额工程量计算规则计算工程量并套项求直接工程费。

内墙面抹灰工程量 =[（4.5×3−0.24×2+0.12×2）×2+（5.4−0.24）×4]×（3.9−0.1−0.9）−1×（2.70−0.90）×4−1.50×1.80×4=118.76 m^2

石灰砂浆砖墙面抹灰 3 遍（18 mm 厚），查附表二，套定额编号为 9-2-5 的定额子目。

基价 =123.31 元 /10 m²，其中人工费 =83.21 元 /10 m²

3）直接工程费 =123.31 × 11.876=1 464.43 元

其中人工费 =83.21 × 11.876=988.20 元

4）根据企业情况取企业管理费费率为 85%，利润率为 25%。

5）合价 =1 464.43+988.20 ×（85%+25%）=2 551.45 元

6）综合单价 =2 551.45 ÷ 118.76=21.48 元 /m²

（3）内墙裙抹灰项目清单计价表的编制

1）确定清单项目包含的工程内容：砖墙面抹水泥砂浆。

2）按现行定额工程量计算规则计算工程量。

内墙裙抹灰工程量 =[（4.5 × 3-0.24 × 2+0.12 × 2）× 2+（5.4-0.24）× 4-1.00 × 4] × 0.9=38.84 m²

3）套定额求直接工程费。

砖墙裙抹灰 14 mm+6 mm 厚水泥砂浆，查附表二，套定额编号为 9-2-20 的定额子目。

基价 =136.63 元 /10 m²，其中人工费 =76.85 元 /10 m²

所以：直接工程费 =136.63 × 3.884=530.67 元

其中人工费 =76.85 × 3.884=298.49 元

4）取企业管理费费率为 85%，利润率为 25%。

5）合价 =530.67+298.49 ×（85%+25%）=859.01 元

6）综合单价 =859.01 ÷ 38.84=22.12 元 /m²

工程项目清单计价表见表 5—2—3。

表 5—2—3　　分部分项工程项目清单计价表

工程名称：某装饰工程

序号	项目编号	项目名称	项目特征	计量单位	工程数量	金额（元）	
						综合单价	合价
1	011201001001	墙面一般抹灰	1. 墙体类型：砖墙内墙面	m²	118.76	21.48	2 551.45

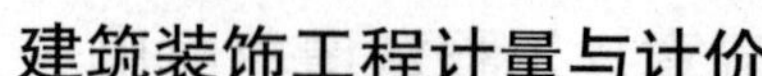
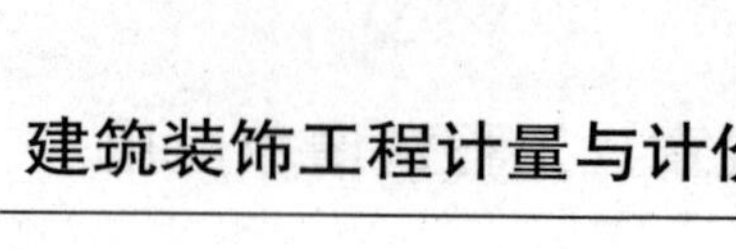

续表

序号	项目编号	项目名称	项目特征	计量单位	工程数量	金额（元）	
						综合单价	合价
1	011201001001	墙面一般抹灰	2. 材料种类、配合比、厚度：1∶2 水泥砂浆底，1∶3 石灰砂浆找平层，麻刀石灰浆面层，共 18 mm 厚	m²	118.76	21.48	2 551.45
2	011201001002	墙面一般抹灰	1. 墙体类型：砖墙内墙裙面 2. 材料种类、配合比、厚度：1∶3 水泥砂浆打底(14 mm 厚)，1∶2.5 水泥砂浆面层（6 mm 厚）	m²	38.84	22.12	859.01

二、柱（梁）面抹灰

1. 工程量计算规范相关规定

柱（梁）面抹灰工程量清单项目的设置、项目特征描述的内容、计量单位及工程量计算规则应按表 5—2—4 的规定执行。

表 5—2—4　　柱（梁）面抹灰（编码：011202）

项目编码	项目名称	项目特征	计量单位	工程量计算规则	工作内容
011202001	柱、梁面一般抹灰	1. 柱（梁）体类型 2. 底层厚度、砂浆配合比 3. 面层厚度、砂浆配合比 4. 装饰面材料种类 5. 分格缝宽度、材料种类	m²	1. 柱面抹灰：按设计图示柱断面周长乘以高度以面积计算 2. 梁面抹灰：按设计图示梁断面周长乘以长度以面积计算	1. 基层清理 2. 砂浆制作、运输 3. 底层抹灰 4. 抹面层 5. 勾分格缝
011202002	柱、梁面装饰抹灰				
011202003	柱、梁面砂浆找平	1. 柱（梁）体类型 2. 找平的砂浆厚度、配合比			1. 基层清理 2. 砂浆制作、运输 3. 抹灰找平

续表

项目编码	项目名称	项目特征	计量单位	工程量计算规则	工作内容
011202004	柱面勾缝	1. 勾缝类型 2. 勾缝材料种类	m^2	按设计图示柱断面周长乘以高度以面积计算	1. 基层清理 2. 砂浆制作、运输 3. 勾缝

注：1. 砂浆找平项目适用于仅做找平层的柱（梁）面抹灰。

2. 柱（梁）面抹石灰砂浆、水泥砂浆、混合砂浆、聚合物水泥砂浆、麻刀石灰浆、石膏灰浆等按本表中柱（梁）面一般抹灰编码列项；柱（梁）面水刷石、斩假石、干粘石、假面砖等按本表中柱（梁）面装饰抹灰项目编码列项。

2. 案例应用

【案例5—2—2】某地下车库有钢筋混凝土柱108根，直径600 mm，高度3 000 mm，刷素水泥砂浆1道1 mm厚，1∶3水泥砂浆打底12 mm厚，面层1∶2.5水泥砂浆7 mm厚。编制柱面一般抹灰工程量清单。

分析：根据工程量计算规则，柱抹灰工程量等于柱子断面周长乘以柱高。本题的报价部分不再详解。

解：柱面一般抹灰工程量清单的编制

水泥砂浆柱面抹灰工程量 $=0.60\times3.14\times3.00\times108=610.42\ m^2$

工程量清单见表5—2—5。

表5—2—5　分部分项工程量清单

工程名称：某装饰工程

序号	项目编号	项目名称	项目特征	计量单位	工程数量
1	011202001001	柱面一般抹灰	1. 柱体类型：钢筋混凝土 2. 抹灰材料种类、配合比、厚度：刷素水泥浆1道1 mm厚，1∶3水泥砂浆打底12 mm厚，面层1∶2.5水泥砂浆7 mm厚	m^2	610.42

三、墙面块料面层镶贴

1. 工程量计算规范相关规定

墙面块料面层工程量清单项目的设置、项目特征描述的内容、计量单位及工程量计算规则应按表5—2—6的规定执行。

表 5—2—6　　墙面块料面层（编码：011204）

项目编码	项目名称	项目特征	计量单位	工程量计算规则	工作内容
011204001	石材墙面	1. 墙体类型 2. 安装方式 3. 面层材料品种、规格、颜色 4. 缝宽、嵌缝材料种类 5. 防护材料种类 6. 磨光、酸洗、打蜡要求	m^2	按镶贴表面积计算	1. 基层清理 2. 砂浆制作、运输 3. 黏结层铺贴 4. 面层安装 5. 嵌缝 6. 刷防护材料 7. 磨光、酸洗、打蜡
011204002	拼碎石材墙面				
011204003	块料墙面				
011204004	干挂石材钢骨架	1. 骨架种类、规格 2. 防锈漆品种遍数	t	按设计图示以质量计算	1. 骨架制作、运输、安装 2. 刷漆

注：1. 在描述碎石项目的面层材料特征时可不用描述规格、颜色。

2. 石材、块料与黏结材料的结合面刷防渗材料的种类在防护层材料种类中描述。

3. 安装方式可描述为砂浆或黏结剂黏结、挂贴、干挂等，不论是哪种安装方式，都要详细描述与组价相关的内容。

2. 案例应用

【案例 5—2—3】某变电室外墙面尺寸如图 5—2—2 所示。M：1 500 mm×2 000 mm；C1：1 500 mm×1 500 mm，C2：1 200 mm×800 mm；门窗侧面宽度 100 mm。外墙水泥砂浆粘贴规格 194 mm×94 mm 瓷质外墙砖，灰缝 5 mm，面层酸洗、打蜡。编制块料墙面工程量清单，确定综合单价。

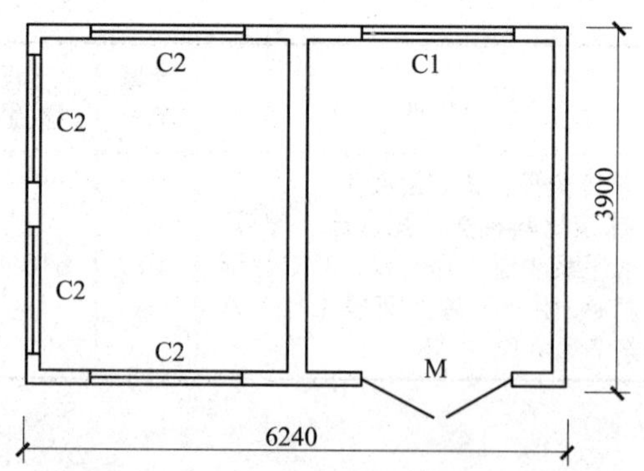

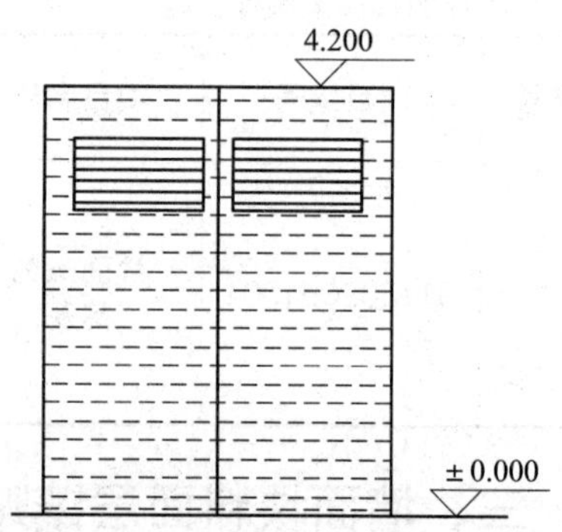

图 5—2—2　某变电室外墙面

分析：块料墙面清单工程量计算时按镶贴表面积计算，本案例在报价时，应对照第三章案例 3—3—4，以熟练掌握两种计价模式的转换。

解：（1）块料墙面工程量清单的编制

块料墙面工程量 =（6.24+3.90）×2×4.20-（1.50×2.00）-（1.50×1.50）-（1.20×0.80）×4+[1.50+2.00×2+1.50×4+（1.20+0.80）×2×4]×0.10=78.84 m^2

工程量清单见表 5—2—7。

表 5—2—7　　分部分项工程量清单

项目名称：某装饰工程

序号	项目编号	项目名称	项目特征	计量单位	工程数量
1	011204003001	块料墙面	1. 墙体类型：砖墙面 2. 面层材料种类、规格、铺贴形式：水泥砂浆粘贴规格 194 mm×94 mm 瓷质外墙砖，灰缝 5 mm 3. 磨光、酸洗、打蜡：面层酸洗、打蜡	m^2	78.84

（2）墙面块料面层工程项目清单计价表的编制

1）确定清单项目包含的工程内容：水泥砂浆粘贴瓷质外墙砖，块料面层的酸洗、打蜡。

2）按现行定额工程量计算规则计算工程量并套定额求直接工程费。

①外墙面砖工程量 =（6.24+3.90）×2×4.20-（1.50×2.00）-（1.50×1.50）-（1.20×0.80）×4+[1.50+2.00×2+1.50×4+（1.20+0.80）×2×4]×0.10=78.84 m^2

查附表二，套定额编号为 9-2-216 的定额子目，基价 =1 146.24 元 /10 m^2，其中人工费 =232.67 元 /10 m^2

所以直接工程费 =1 146.24×7.884=9 036.96 元

其中人工费 =232.67×7.884=1 834.37 元

②块料面层酸洗、打蜡工程量 =78.84 m^2

墙面酸洗、打蜡，查附表二，套定额编号为 9-2-228 的定额子目，基价 = 55.88 元 /10 m^2，其中人工费 =48.76 元 /10 m^2

所以直接工程费 =55.88×7.884=440.56 元

其中人工费 =48.76×7.884=384.42 元

3）直接工程费合计

直接工程费 =9 036.96+440.56=9 477.52 元

其中人工费 =1 834.37+384.42=2 218.79 元

4）根据企业情况，取企业管理费费率为 85%，利润率为 25%。

5）合价 =9 477.52+2 218.79×（85%+25%）=11 918.19 元

6）综合单价 =11 918.19÷78.84=151.17 元 /m^2

工程项目清单计价表见表 5—2—8。

表 5—2—8　　分部分项工程项目清单计价表

工程名称：某装饰工程

序号	项目编号	项目名称	项目特征	计量单位	工程数量	金额（元）	
						综合单价	合价
1	011204003001	块料墙面	1. 墙体类型：砖墙面 2. 面层材料种类、规格、铺贴形式：水泥砂浆粘贴规格 194 mm×94 mm 瓷质外墙砖，灰缝 5 mm 3. 磨光、酸洗、打蜡：面层酸洗、打蜡	m^2	78.84	151.17	11 918.19

四、柱面镶贴块料

1. 工程量计算规范相关规定

柱（梁）面镶贴块料工程量清单项目的设置、项目特征描述的内容、计量单位及工程量计算规则应按表 5—2—9 的规定执行。

2. 案例应用

【案例 5—2—4】某单位大门砖柱 4 根，砖柱块料外围尺寸如图 5—2—3 所示，1∶2.5 水泥砂浆（灌缝砂浆 50 mm）粘贴花岗石。编制柱面镶贴块料工程量清单，确定综合单价。

表 5—2—9　　柱（梁）面镶贴块料（编码：011205）

项目编码	项目名称	项目特征	计量单位	工程量计算规则	工作内容
011205001	石材柱面	1. 柱截面类型、尺寸 2. 安装方式 3. 面层材料品种、规格、颜色 4. 缝宽、嵌缝材料种类 5. 防护材料种类 6. 磨光、酸洗、打蜡要求	m²	按镶贴表面积计算	1. 基层清理 2. 砂浆制作、运输 3. 黏结层铺贴 4. 面层安装 5. 嵌缝 6. 刷防护材料 7. 磨光、酸洗、打蜡
011205002	块料柱面				
011205003	拼碎块柱面				
011205004	石材梁面	1. 安装方式 2. 面层材料品种、规格、颜色 3. 缝宽、嵌缝材料种类 4. 防护材料种类 5. 磨光、酸洗、打蜡要求			
011205005	块料梁面				

注：1. 在描述碎块项目的面层材料特征时可不用描述规格、颜色。
2. 石材、块料与粘接材料的结合面刷防渗材料的种类在防护层材料种类中描述。
3. 柱梁面干挂石材的钢骨架按表 5—2—6 相应项目编码列项。

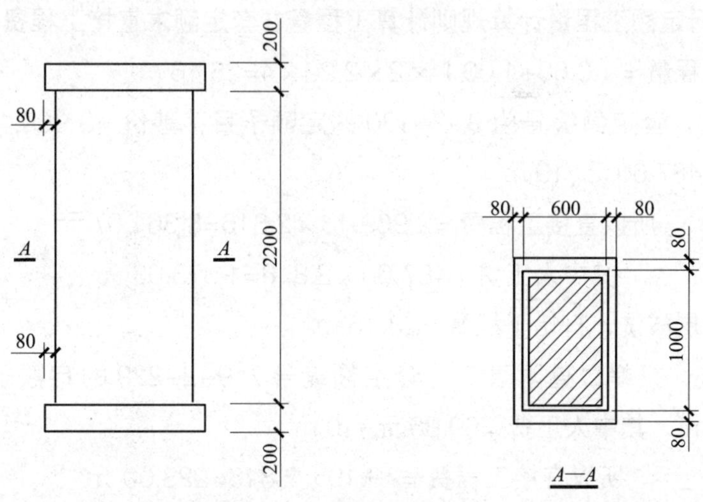

图 5—2—3　某单位大门砖柱

分析：本案例仅计算砖柱粘贴花岗岩的工程量及其报价，没有考虑压顶及柱角部分，若压顶及柱角也同样粘贴花岗岩，如何编制其工程量清单并报价（可参阅第三章案例 3—3—3）。

解：（1）石材柱面工程量清单的编制

石材柱面工程量 =（0.60+1.00）×2×2.20×4=28.16 m^2，工程项目清单见表 5—2—10。

表 5—2—10　　分部分项工程项目清单

工程名称：某装饰工程

序号	项目编号	项目名称	项目特征	计量单位	工程数量
1	011205001001	石材柱面	1. 柱体类型：砖柱面 2. 面层材料种类、规格、铺贴形式：1∶2.5 水泥砂浆粘贴花岗石 3. 磨光、酸洗、打蜡：面层酸洗、打蜡	m^2	28.16

（2）石材柱面工程量清单计价表的编制

1）确定清单项目包含的工程内容：水泥砂浆粘贴花岗石板，块料面层的酸洗、打蜡。

2）按现行定额工程量计算规则计算工程量并套定额求直接工程费。

①柱面工程量 =（0.60+1.00）×2×2.20×4=28.16 m^2

查附表二，套定额编号为 9-2-130 的定额子目，基价 =2 969.13 元 /10 m^2，其中人工费 =487.60 元 /10 m^2

所以直接工程费 =2 969.13×2.816=8 361.07 元

其中人工费 =487.60×2.816=1 373.08 元

②块料面层酸洗、打蜡工程量 =28.16 m^2

墙面酸洗、打蜡，查附表二，套定额编号为 9-2-229 的定额子目，基价 = 79.19 元 /10 m^2，其中人工费 =69.96 元 /10 m^2

所以直接工程费 =79.19×2.816=223.00 元

其中人工费 =69.96×2.816=197.01 元

3）直接工程费合计

直接工程费 =8 361.07+223.00=8 584.07 元

其中人工费 =1 373.08+197.01=1 570.09 元

4）根据企业情况，取企业管理费费率为 81%，利润率为 22%。

5）合价 =8 584.07+1 570.09×（81%+22%）=10 201.26 元

6）综合单价 =10 201.26÷28.16=362.26 元 /m^2

工程项目清单计价表见表 5—2—11。

表 5—2—11　　分部分项工程项目清单计价表

工程名称：某装饰工程

序号	项目编号	项目名称	项目特征	计量单位	工程数量	金额（元）	
						综合单价	合价
1	011205001001	石材柱面	1. 柱体类型：砖柱面 2. 面层材料种类、规格、铺贴形式：1∶2.5 水泥砂浆粘贴花岗石 3. 磨光、酸洗、打蜡：面层酸洗、打蜡	m^2	28.16	362.26	10 201.26

思考与练习

一、简答题

1. 外墙抹灰的清单工程量计算规则是什么?

2. 内墙抹灰的计算高度如何确定?

3. 柱面抹灰的清单计算规则是什么?

4. 墙柱面块料面层的清单计算规则是什么?

二、计算题

1. 某砖混结构如图 5—2—4 所示，内墙面抹灰为石灰砂浆两遍，16 mm 厚，内墙裙采用 1∶2 水泥砂浆打底，1∶3 水泥砂浆找平层，麻刀石灰浆面层，共 18 mm 厚，请编制内墙面及内墙裙抹灰工程项目清单并报价。

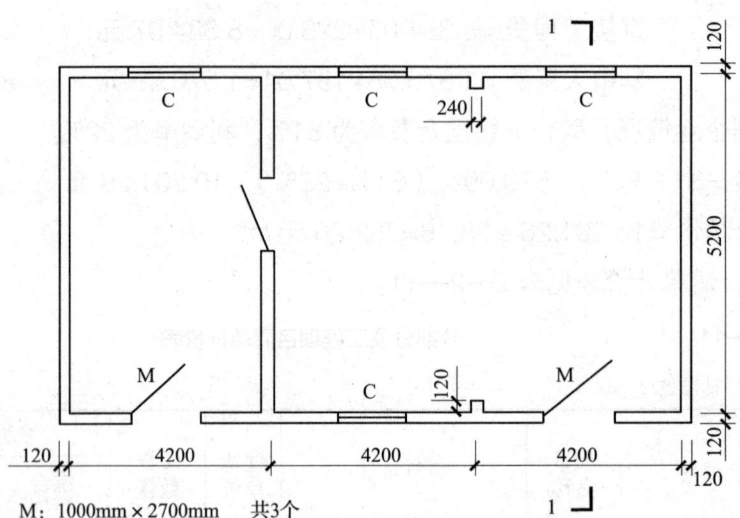

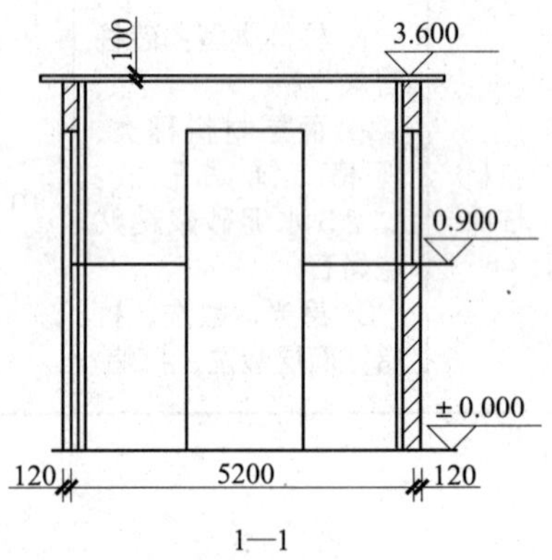

1—1

C：1500mm × 1800mm　　共4个

图 5—2—4　砖混结构房屋平面及剖面图

2. 某工程有钢筋混凝土方柱 210 根，柱断面为 400 mm × 400 mm。高度为 2.80 m，刷 1 mm 厚素水泥浆一道，1∶3 水泥砂浆打底 12 mm 厚，面层 1∶2.5 水泥砂浆 7 mm 厚，请编制柱面一般抹灰工程项目清单并报价。

3. 对案例 5—2—2 进行报价。（提示：查附表二，套定额编号为 9-2-30 的定额子目）

基价 =222.17 元 /10 m^2，其中人工费 =156.35 元 /10 m^2，企业管理费费率和利润率分别取 85% 和 25%。

第三节　天棚工程项目清单编制与报价

学习目标

1. 掌握天棚抹灰工程项目清单的编制与报价。
2. 掌握天棚吊顶工程项目清单的编制与报价。

一、天棚抹灰

1. 工程量计算规范相关规定

天棚抹灰工程量清单项目的设置、项目特征描述的内容、计量单位及工程量计算规则应按表 5—3—1 的规定执行。

表 5—3—1　　天棚抹灰（编码：011301）

项目编码	项目名称	项目特征	计量单位	工程量计算规则	工作内容
011301001	天棚抹灰	1. 基层类型 2. 抹灰厚度、材料种类 3. 砂浆配合比	m^2	按设计图示尺寸以水平投影面积计算。不扣除间壁墙、垛、柱、附墙烟囱、检查口和管道所占面积，带梁天棚的梁两侧抹灰面积并入天棚面积内，板式楼梯底面抹灰按斜面积计算，锯齿形楼梯底板抹灰按展开面积计算	1. 基层清理 2. 底层抹灰 3. 抹面层

2. 案例应用

【案例 5—3—1】某居室现浇钢筋混凝土天棚抹灰工程，如图 5—3—1 所示，1∶1∶6 混合砂浆抹灰面。编制天棚抹灰工程量清单并确定综合单价。

分析：随着对清单报价做题步骤熟练程度的提高，在计算综合单价时，可以用表格的形式列出定额套用及人、材、机费用分析等内容，从而简化计算步骤，人、材、机之和即为直接工程费。

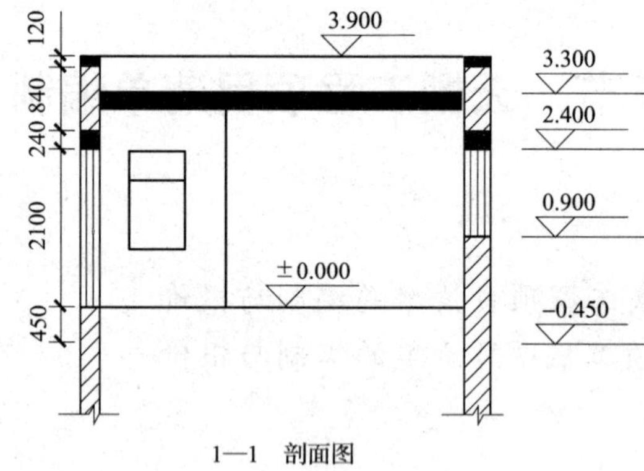

1—1 剖面图

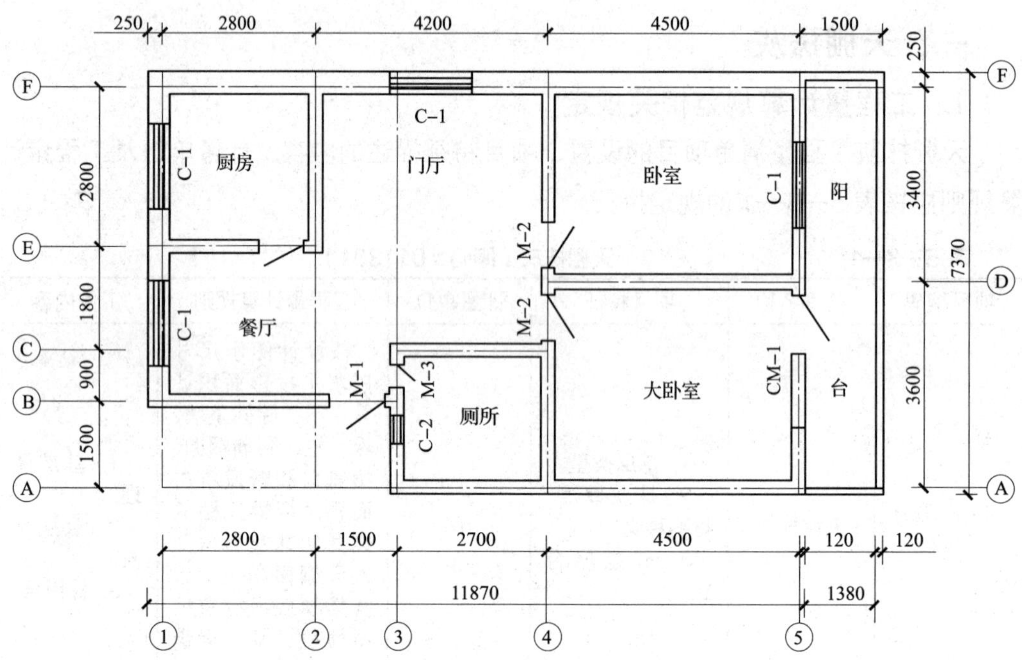

图 5—3—1 某居室现浇钢筋混凝土天棚抹灰工程

解：（1）天棚抹灰工程量清单的编制

天棚抹灰工程量 =（厨房）（2.80−0.24）×（2.80−0.24）+（餐厅）（2.80+1.50−0.24）×（0.90+1.80−0.24）+（门厅）（4.20−0.24）×（1.80+2.80−0.24）−（1.50−0.24）×（1.80−0.24）+（厕所）（2.70−0.24）×（1.50+0.90−0.24）+（卧室）（4.50−0.24）×（3.40−0.24）+（大卧室）（4.50−0.24）×（3.60−0.24）+（阳台）（1.38−0.12）×（3.60+3.40+0.25−0.12）=6.554+9.988+15.30+5.314+13.462+14.314+8.984=73.92 m^2，工程量清单见表 5—3—2。

表 5—3—2　　分部分项工程项目清单

工程名称：某装饰工程

序号	项目编号	项目名称	项目特征	计量单位	工程数量
1	011301001001	天棚抹灰	1. 基层类型：现浇钢筋混凝土 2. 面层材料种类、配合比：1∶1∶6 混合砂浆	m^2	73.92

（2）天棚抹灰工程量清单计价表的编制

该项目发生的工程内容：混合砂浆抹面。

天棚抹灰工程量 =（2.80−0.24）×（2.80−0.24）+（2.80+1.50−0.24）×（0.90+1.80−0.24）+（4.20−0.24）×（1.80+2.80−0.24）−（1.50−0.24）×（1.80−0.24）+（2.70−0.24）×（1.50+0.90−0.24）+（4.50−0.24）×（3.40−0.24）+（4.50−0.24）×（3.60−0.24）+（1.38−0.12）×（3.60+3.40+0.25−0.12）=73.92 m^2

现浇钢筋混凝土天棚抹混合砂浆，查附表三，套定额编号为 9-3-5 的定额子目。

人工、材料、机械费用分析见表 5—3—3。

表 5—3—3　　工程量清单项目人工、材料、机械费用分析表

工程名称：某装饰工程

清单项目名称	工程内容	定额编号	计量单位	数量	费用组成　其中：			
					人工费（元）	材料费（元）	机械费（元）	小计（元）
天棚抹灰 1. 基层类型：现浇钢筋混凝土 2. 面层材料种类、配合比：1∶1∶6 混合砂浆	混合砂浆抹面	9-3-5	m^2	73.92	61.48	21.50	1.77	84.75
合价					454.46	158.93	13.08	626.47

根据企业情况确定管理费费率为 85%，利润率为 25%，工程量清单计价见表 5—3—4。

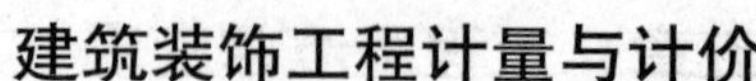

合价 =626.47+454.46×（0.85+0.25）=1 126.38 元

综合单价 =1 126.38÷73.92=15.24 元 /m^2

表 5—3—4　　分部分项工程量清单计价表

工程名称：某装饰工程

序号	项目编号	项目名称	项目特征	计量单位	工程数量	金额（元）	
						综合单价	合价
1	011301001001	天棚抹灰	1. 基层类型：现浇钢筋混凝土 2. 面层材料种类、配合比：1∶1∶6 混合砂浆	m^2	73.92	15.24	1 126.38

二、天棚吊顶

1. 工程量计算规范相关规定

天棚吊顶工程量清单项目的设置、项目特征描述的内容、计量单位及工程量计算规则应按表 5—3—5 的规定执行。

表 5—3—5　　天棚吊顶（编码：011302）

项目编码	项目名称	项目特征	计量单位	工程量计算规则	工作内容
011302001	吊顶天棚	1. 吊顶形式、吊顶规格、高度 2. 龙骨材料种类、规格、中距 3. 基层材料种类、规格 4. 面层材料品种、规格 5. 压条材料种类、规格 6. 嵌缝材料种类 7. 防护材料种类	m^2	按设计图示尺寸以水平投影面积计算。天棚面中的灯槽及跌级、锯齿形、吊挂式、藻井式天棚面积不展开计算。不扣除间壁墙、检查口、附墙烟囱、柱垛和管道所占面积，扣除单个＞0.3 m^2 的孔洞、独立柱及与天棚相连的窗帘盒所占面积	1. 基层清理、吊杆安装 2. 龙骨安装 3. 基层板铺贴 4. 面层铺贴 5. 嵌缝 6. 刷防护材料

续表

项目编码	项目名称	项目特征	计量单位	工程量计算规则	工作内容
011302002	格栅吊顶	1. 龙骨材料种类、规格、中距 2. 基层材料种类、规格 3. 面层材料品种、规格 4. 防护材料种类	m²	按设计图示尺寸以水平投影面积计算	1. 基层清理 2. 安装龙骨 3. 基层板铺贴 4. 面层铺贴 5. 刷防护材料
011302003	吊筒吊顶	1. 吊筒形状、规格 2. 吊筒材料种类 3. 防护材料种类		按设计图示尺寸以水平投影面积计算	1. 基层清理 2. 吊筒制作安装 3. 刷防护材料
011302004	藤条造型悬挂吊顶	1. 骨架材料种类、规格 2. 面层材料品种、规格			1. 基层清理 2. 龙骨安装 3. 铺贴面层
011302005	织物软雕吊顶				
011302006	装饰网架吊顶	网架材料品种、规格			1. 基层清理 2. 网架制作安装

2. 案例应用

【例 5—3—2】某办公室顶棚装修，平面如图 5—3—2 所示。天棚设检查孔一个（0.5 m×0.5 m），窗帘盒宽 200 mm，高 400 mm，通长。吊顶做法：一级不上人 U 形轻钢龙骨中距 450 mm×450 mm；基层为九夹板；面层为红榉拼花；红榉面板刷硝基清漆。请编制分部分项工程项目清单并报价。

分析：清单编制时，计算工程量应按表 5—3—5 所列的清单计算规则计算，由于独立柱面积不足 0.3 m²，故而不扣除，但窗帘盒面积应扣除。清单报价时，计算各工程内容的工程量应按定额计算规则分别计算。龙骨工程量不扣除窗帘盒和独立柱所占面积，而基层、面层及防火涂料工程量应扣除窗帘盒和独立柱所占面积。

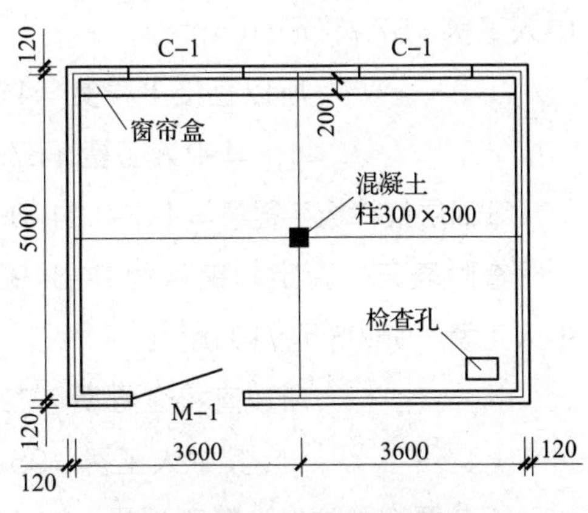

图 5—3—2　某办公室顶棚

解：（1）分部分项工程项目清单编制

工程数量：(3.60 × 2−0.24) × (5.00−0.24−0.20) =31.74 m^2

将上述结果及相关内容填入“分部分项工程项目清单”，见表 5—3—6。

表 5—3—6　　　　　　　　　　分部分项工程项目清单

工程名称：某装饰工程

序号	项目编码	项目名称	项目特征	计量单位	工程数量
1	011302001001	天棚吊顶	1. 吊顶形式：一级不上人吊顶 2. 龙骨材料种类：U 形轻钢龙骨中距 450 mm × 450 mm 3. 基层、面层材料种类：基层九夹板，面层红榉拼花	m^2	31.74

(2) 分部分项工程项目清单计价表的编制

1) 确定清单项目包括的工程内容：龙骨、基层板、面板的制作、安装及基层板刷防火涂料。

2) 按现行定额工程量计算规则计算各工程内容的工程量并套项求直接工程费。

① U 形轻钢龙骨工程量 = (5−0.24) × (3.6 × 2−0.24) =33.13 m^2

查附表三，套定额编号为 9−3−27 的定额子目，基价 =864.24 元 /10 m^2，其中人工费 =87.45 元 /10 m^2

所以直接工程费 =864.24 × 3.313=2 863.23 元

其中人工费 =87.45 × 3.313=289.72 元

②基层九夹板工程量 = (5−0.24−0.2) × (3.6 × 2−0.24) −0.30 × 0.30=31.65 m^2

查附表三，套定额编号为 9−3−85 的定额子目，基价 =419.25 元 /10 m^2，其中人工费 =57.77 元 /10 m^2

所以直接工程费 =419.25 × 3.165=1 326.93 元

其中人工费 =57.77 × 3.165=182.84 元

③面层红榉板工程量 = (5−0.24−0.2) × (3.6 × 2−0.24) −0.30 × 0.30=31.65 m^2

查附表三，套定额编号为 9−3−93 的定额子目，基价 =724.60 元 /10 m^2，其中人工费 =95.93 元 /10 m^2

所以直接工程费 =724.60 × 3.165=2 293.36 元

其中人工费 =95.93 × 3.165=303.62 元

④基层板刷防火涂料工程量 =31.65 m^2

查附表三，套定额编号为 9-4-111 的定额子目，基价 =166.49 元 /10 m^2，其中人工费 =38.69 元 /10 m^2

所以直接工程费 =166.49 × 3.165=526.94 元

其中人工费 =38.69 × 3.165=122.45 元

3）直接工程费合计

直接工程费 =2 863.23+1 326.93+2 293.36+526.94=7 010.46 元

其中人工费 =289.72+182.84+303.62+122.45=898.63 元

4）根据企业情况，取企业管理费费率为 81%，利润率为 22%。

5）合价 =7 010.46+898.63 ×（81%+22%）=7 936.05 元

6）综合单价 =7 936.05 ÷ 31.74=250.03 元 /m^2

工程项目清单计价表见表 5—3—7。

表 5—3—7　　分部分项工程项目清单计价表

工程名称：某装饰工程

序号	项目编号	项目名称	项目特征	计量单位	工程数量	金额（元）	
						综合单价	合价
1	011302001001	天棚吊顶	1. 吊顶形式：一级不上人吊顶 2. 龙骨材料种类：U 形轻钢龙骨中距 450 mm × 450 mm 3. 基层、面层材料种类：基层九夹板，面层红榉拼花	m^2	31.74	250.03	7 936.05

思考与练习

一、简答题

1. 简述天棚抹灰的清单工程量计算规则。

2. 吊顶天棚的清单工程量计算规则是什么？柱和垛的面积是否需要扣除？

3. 天棚抹灰工程量清单项目包含哪些工作内容？

二、计算题

1. 某房屋平面如图 5—3—3 所示，钢筋混凝土顶棚采用 1∶1∶6 混合砂浆抹灰面。请编制天棚抹灰项目清单并报价。

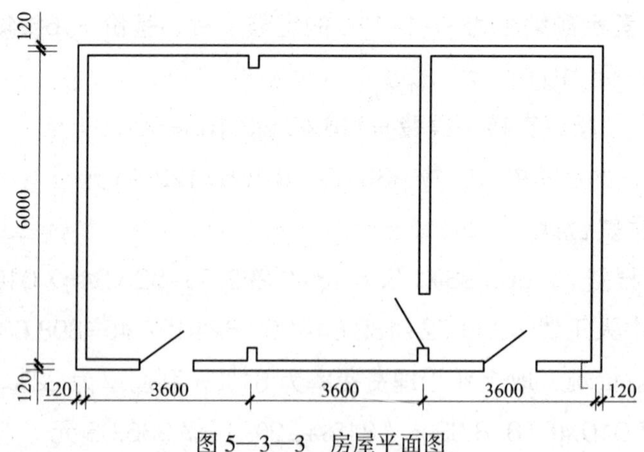

图 5—3—3　房屋平面图

2. 钢筋混凝土板底吊不上人装配式 U 形轻钢龙骨，间距 450 mm × 450 mm，龙骨上铺钉中密度板，面层粘贴 6 mm 厚铝塑板，尺寸如图 5—3—4 所示，请编制分部分项工程项目清单并报价。

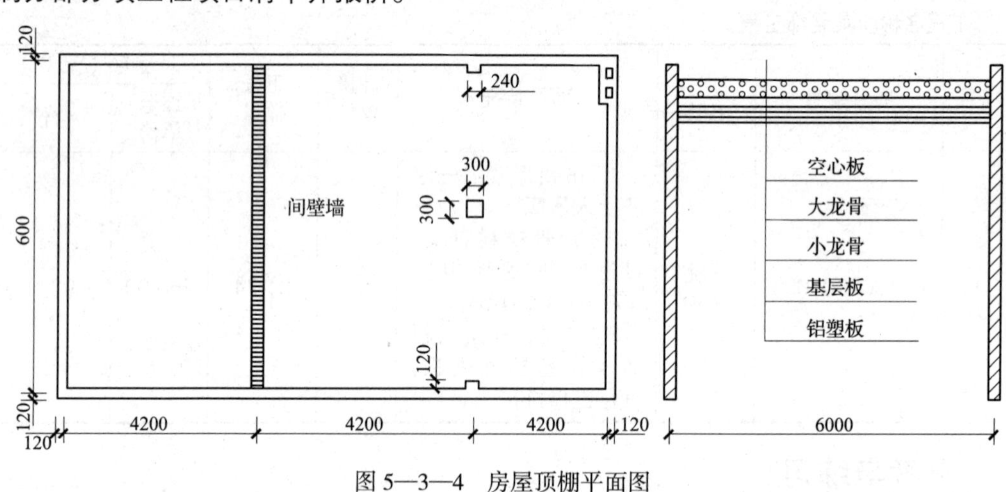

图 5—3—4　房屋顶棚平面图

第四节　门窗工程项目清单编制与报价

学习目标

1. 掌握木门窗工程项目清单的编制与报价。
2. 熟悉金属门窗工程项目清单的编制与报价。

按照国家标准《房屋建筑与装饰工程工程量计算规范》（GB 50854—2013）的规定，门窗工程列入房屋建筑工程（土建）部分，而《××省建筑工程消耗量定额》规定，土建工程的企业管理费和利润的计费基础为省价直接工程费，因此，门窗部分的工程项目清单综合单价（合价）计算方法应按土建规定执行。

综合单价（合价）= 直接工程费 + 省价直接工程费 ×（企业管理费费率 + 利润率）

在本书中，以省价直接工程费替代直接工程费，则公式可简化为：

综合单价（合价）= 直接工程费 ×（1+ 企业管理费费率 + 利润率）

一、木门窗

1. 工程量计算规范

（1）木门工程量清单项目的设置、项目特征描述、计量单位及工程量计算规则应按表 5—4—1 的规定执行。

表 5—4—1　　木门（编码：010801）

项目编码	项目名称	项目特征	计量单位	工程量计算规则	工作内容
010801001	木质门	1. 门代号及洞口尺寸 2. 镶嵌玻璃品种、厚度	1. 樘 2. m^2	1. 以樘计量，按设计图示数量计算 2. 以 m^2 计量，按设计图示洞口尺寸以面积计算	1. 门安装 2. 玻璃安装 3. 五金安装
010801002	木质门带套				
010801003	木质连窗门				
010801004	木质防火门				
010801005	木门框	1. 门代号及洞口尺寸 2. 框截面尺寸 3. 防护材料种类	1. 樘 2. m	1. 以樘计量，按设计图示数量计算 2. 以 m 计量，按设计图示框的中心线以延长米计算	1. 木门框制作、安装 2. 运输 3. 刷防护材料
010801006	门锁安装	1. 锁种类 2. 锁规格	个（套）	按设计图示数量计算	安装

注：1. 木质门应区分镶板木门、企口木板门、实木装饰门、胶合板门、夹板装饰门、木纱门、全玻门（带木质扇框）、木质半玻门（带木质扇框）等项目，分别编码列项。

2. 木门五金应包括：折页、插销、门碰珠、弓背拉手、搭机、木螺钉、弹簧折页（自动门）、管子拉手（自由门、地弹门）、地弹簧（地弹门）、角铁、门轧头（地弹门、自由门）等。

3. 木质门带套计量按洞口尺寸以面积计算，不包括门套的面积，但门套应计算在综合单价中。

4. 以樘计量，项目特征必须描述洞口尺寸；以 m^2 计量，项目特征可不描述洞口尺寸。

5. 单独制作安装木门框按木门框项目编码列项。

（2）木窗工程量清单项目设置、项目特征描述、计量单位及工程量计算规则应按表 5—4—2 的规定执行。

表 5—4—2　　　　木窗（编码：010806）

项目编码	项目名称	项目特征	计量单位	工程量计算规则	工作内容
010806001	木质窗	1. 窗代号及洞口尺寸 2. 玻璃品种、厚度	1. 樘 2. m^2	1. 以樘计量，按设计图示数量计算 2. 以 m^2 计量，按设计图示洞口尺寸以面积计算	1. 窗安装 2. 五金、玻璃安装
010806002	木飘（凸）窗			1. 以樘计量，按设计图示数量计算 2. 以 m^2 计量，按设计图示尺寸以框外围展开面积计算	
010806003	木橱窗	1. 窗代号 2. 框截面及外围展开面积 3. 玻璃品种、厚度 4. 防护材料种类			1. 窗制作、运输、安装 2. 五金、玻璃安装 3. 刷防护材料
010806004	木纱窗	1. 窗代号及框外围尺寸 2. 窗纱材料品种、规格	1. 樘 2. m^2	1. 以樘计量，按设计图示数量计算 2. 以 m^2 计量，按框的外围尺寸以面积计算	1. 窗安装 2. 五金安装

注：1. 木质窗应区分百叶窗、木组合窗、木天窗、木固定窗、木装饰空花窗等项目，分别编码列项。

2. 以樘计量，项目特征必须描述洞口尺寸，没有洞口尺寸必须描述窗框外围尺寸；以 m^2 计量，项目特征可不描述洞口尺寸及框的外围尺寸。

3. 以 m^2 计量，无设计图示洞口尺寸，按窗框外围以面积计算。

4. 木橱窗、木飘（凸）窗以樘计量，项目特征必须描述框截面及外围展开面积。

5. 木窗五金包括：折页、插销、风钩、木螺钉、滑轮滑轨（推拉窗）等。

2. 案例应用

【案例 5—4—1】某工程的木门如图 5—4—1 所示。半截玻璃镶板门、双扇带亮 6 樘，不带纱门扇，木材为红松，一类薄板，框断面为 95 mm×55 mm，要求现场制作，刷防护底油。编制木门工程量清单和清单报价。

分析：由于木质门清单计算规则给出两种形式，即可按樘或 m^2 计算，所以，本案例列出两种清单形式，也分别按樘和 m^2 进行报价。在实际工作中，可根据情况，选择一种形式编制清单。

解：（1）编制木门工程量清单

木门工程量=6樘，或 $1.30\times2.70\times6=21.06\ m^2$，工程量清单见表5—4—3。

（2）木质门工程项目清单计价表的编制

1）确定清单项目包括的工程内容：门框、门扇制作和安装，门配件的安装。

2）按现行定额工程量计算规则计算各工程内容的工程量并套项求直接工程费。

①木门框、扇制作安装工程量 $=1.30\times2.70\times6=21.06\ m^2$

木门框制作，查附表四，套定额编号为5-1-11的定额子目，基价=323.01元/10 m^2

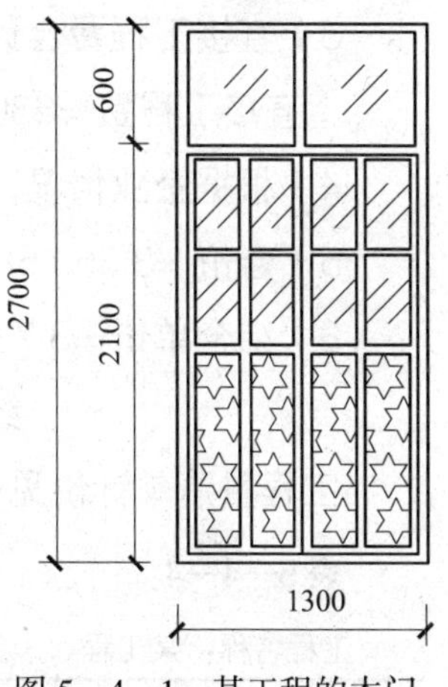

图5—4—1　某工程的木门

表5—4—3　分部分项工程量清单

工程名称：某工程

序号	项目编号	项目名称	项目特征	计算单位	工程数量
1	010801001001	木质门	1. 门类型：半截玻璃镶板木门，双扇带亮 2. 材料种类、框断面尺寸：红松，一类薄板，框断面95 mm×55 mm	樘	6
				m^2	21.06

所以直接工程费 $=323.01\times2.106=680.26$ 元

②木门框安装，查附表四，套定额编号为5-1-12的定额子目，基价=104.68元/10 m^2

所以直接工程费 $=104.68\times2.106=220.46$ 元

③木门扇制作，查附表四，套定额编号为5-1-51的定额子目，基价=822.42元/10 m^2

所以直接工程费 $=822.42\times2.106=1\,732.02$ 元

④木门扇安装，查附表四，套定额编号为5-1-52的定额子目，基价=155.71元/10 m^2

所以直接工程费 $=155.71\times2.106=327.93$ 元

⑤木门扇配件工程量=6樘

查附表四，套定额编号为5-9-2的定额子目，基价=664.85元/10樘

所以直接工程费 =664.85×0.6=398.91 元

3）直接工程费合计

直接工程费 =680.26+220.46+1 732.02+327.93+398.91=3 359.58 元

4）根据企业情况，取企业管理费费率为 6.9%，利润率为 4.2%。

5）合价 =3 359.58×（1+6.9%+4.2%）=3 732.49 元

6）综合单价 =3 732.49÷21.06=177.23 元 /m^2 或

综合单价 =3 732.49÷6=622.08 元 / 樘

工程量清单计价见表 5—4—4。

表 5—4—4　　分部分项工程量清单计价表

工程名称：某工程

序号	项目编号	项目名称	项目特征	计量单位	工程数量	金额（元）	
						综合单价	合计
1	010801001001	木质门	1. 门类型：半截玻璃镶木板门，双扇带亮 2. 材料种类、框断面尺寸：红松，一类薄板，框断面 95 mm×55 mm	樘	6	622.08	3 732.49
				m^2	21.06	177.23	3 732.49

二、金属门窗

1. 工程量计算规范相关规定

（1）金属门工程量清单项目设置、项目特征描述、计量单位及工程量计算规则应按表 5—4—5 的规定执行。

表 5—4—5　　金属门（编码：010802）

项目编码	项目名称	项目特征	计量单位	工程量计算规则	工作内容
010802001	金属（塑钢）门	1. 门代号及洞口尺寸 2. 门框或扇外围尺寸 3. 门框、扇材质 4. 玻璃品种、厚度	1. 樘 2. m^2	1. 以樘计量，按设计图示数量计算 2. 以 m^2 计量，按设计图示洞口尺寸以面积计算	1. 门安装 2. 玻璃安装 3. 五金安装
010802002	彩板门	1. 门代号及洞口尺寸 2. 门框或扇外围尺寸			

续表

项目编码	项目名称	项目特征	计量单位	工程量计算规则	工作内容
010802003	钢质防火门	1. 门代号及洞口尺寸 2. 门框或扇外围尺寸 3. 门框、扇材质	1. 樘 2. m^2	1. 以樘计量，按设计图示数量计算 2. 以 m^2 计量，按设计图示洞口尺寸以面积计算	1. 门安装 2. 五金安装
010802004	防盗门				

注：1. 金属门应区分金属平开门、金属推拉门、金属地弹门、全玻门（带金属扇框）、金属半玻门（带扇框）等项目，分别编码列项。

2. 铝合金门五金应包括：地弹簧、门锁、拉手、门插、门铰、螺钉等。

3. 金属门五金包括 L 形执手插销（双舌）、执手锁（单舌）、门轨头、地锁、防盗门机、门眼（猫眼）、门碰珠、电子锁（磁卡锁）、闭门器、装饰拉手等。

4. 以樘计量，项目特征必须描述洞口尺寸，没有洞口尺寸必须描述门框或扇外围尺寸，以 m^2 计量，项目特征可不描述洞口尺寸及框、扇的外围尺寸。

5. 以 m^2 计量，无设计图示洞口尺寸，按门框、扇外围以面积计算。

（2）金属窗工程量清单项目设置、项目特征描述、计量单位及工程量计算规则应按表 5—4—6 的规定执行。

表 5—4—6　　金属窗（编码：010807）

项目编码	项目名称	项目特征	计量单位	工程量计算规则	工作内容
010807001	金属（塑钢、断桥）窗	1. 窗代号及洞口尺寸 2. 框、扇材质 3. 玻璃品种、厚度	1. 樘 2. m^2	1. 以樘计量，按设计图示数量计算 2. 以 m^2 计量，按设计图示洞口尺寸以面积计算	1. 窗安装 2. 五金、玻璃安装
010807002	金属防火窗				
010807003	金属百叶窗				1. 窗安装 2. 五金安装
010807004	金属纱窗	1. 窗代号及框的外围尺寸 2. 框材质 3. 窗纱材料品种、规格		1. 以樘计量，按设计图示数量计算 2. 以 m^2 计量，按框的外围尺寸以面积计算	
010807005	金属格栅窗	1. 窗代号及洞口尺寸 2. 框外围尺寸 3. 框、扇材质		1. 以樘计量，按设计图示数量计算 2. 以 m^2 计量，按设计图示洞口尺寸以面积计算	

续表

项目编码	项目名称	项目特征	计量单位	工程量计算规则	工作内容
010807006	金属（塑钢、断桥）橱窗	1. 窗代号 2. 框外围展开面积 3. 框、扇材质 4. 玻璃品种、厚度 5. 防护材料品种	1. 樘 2. m^2	1. 以樘计量，按设计图示数量计算 2. 以 m^2 计量，按设计图示尺寸以框外围展开面积计算	1. 窗制作、运输、安装 2. 五金、玻璃安装 3. 刷防护材料
010807007	金属（塑钢、断桥）飘（凸）窗	1. 窗代号 2. 框外围展开面积 3. 框、扇材质 4. 玻璃品种、厚度			1. 窗安装 2. 五金、玻璃安装
010807008	彩板窗	1. 窗代号及洞口尺寸 2. 框外围尺寸 3. 框、扇材质 4. 玻璃品种、厚度		1. 以樘计量，按设计图示数量计算 2. 以 m^2 计量，按设计图示洞口尺寸或框外围以面积计算	
010807009	复合材料窗				

注：1. 金属窗应区分组合窗、防盗窗等项目，分别编码列项。

2. 以樘计量，项目特征必须描述洞口尺寸，没有洞口尺寸必须描述框外围尺寸；以 m^2 计量，项目特征可不描述洞口尺寸及框的外围尺寸。

3. 以 m^2 计量，无设计图示洞口尺寸，按窗框外围以面积计算。

4. 金属橱窗、飘（凸）窗以樘计量，项目特征必须描述框外围展开面积。

5. 金属窗五金包括：折页、螺钉、执手、卡锁、铰拉、风撑、滑轮、拉把、拉手、角码、牛角制等。

2. 案例应用

【案例 5—4—2】 某饭店采用铝合金地弹簧门 1 樘，洞口尺寸如图 5—4—2 所示。双扇带侧亮、带上亮，采用铝合金型材 100 系列。编制金属地弹簧门工程量清单，确定综合单价。

分析： 本案例在清单报价时，以表格的形式列出各工程内容的人、材、机价款。请按计算综合单价的步骤做一遍，并总结两者各有什么优缺点。

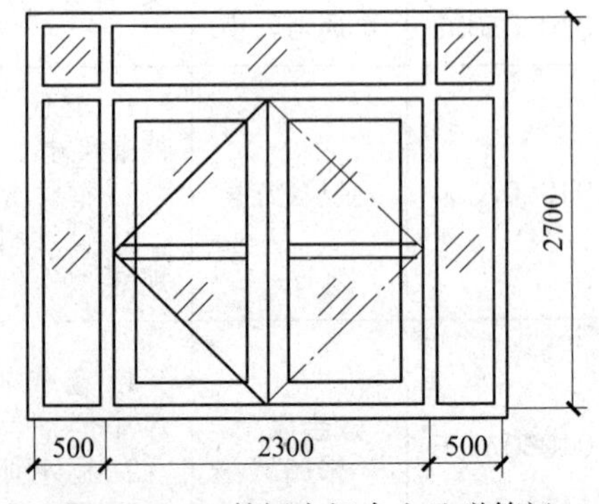

图 5—4—2 某饭店铝合金地弹簧门

解：（1）金属地弹簧门工程量清单的编制

金属地弹簧门工程量 =1 樘，或工程量 =（0.50+2.30+0.50）× 2.70=8.91 m^2，工程量清单见表 5—4—7。

表 5—4—7　　分部分项工程量清单

工程名称：某工程

序号	项目编号	项目名称	项目特征	计算单位	工程数量
1	010802001001	金属门	1. 门的类型：双扇地弹簧门 2. 材料种类、规格：铝合金型材 100 系列	樘	1
				m^2	8.91

（2）分部分项工程量清单计价表的编制

该项目发生的工程内容：铝合金地弹簧门（双扇带上亮带侧亮）制作、安装，配件安装。

1）金属地弹簧门工程量 =（0.50+2.30+0.50）× 2.70=8.91 m^2

铝合金地弹簧门（双扇带上亮带侧亮）制作、安装，查附表四，套定额编号为 5-5-19 的定额子目。

2）铝合金双扇地弹簧门配件工程量 =1 樘

铝合金双扇地弹簧门配件，查附表四，套定额编号为 5-9-46 的定额子目。

人工、材料、机械单价选用价目表参考价，人工、材料、机械费用分析见表 5—4—8。

表 5—4—8　　工程量清单项目人工、材料、机械费用分析表

工程名称：某工程

清单项目名称	工程内容	定额编号	计量单位	工程数量	费用组成　其中：人工费（元）	材料费（元）	机械费（元）	小计（元）
金属地弹簧门 1. 门的类型：双扇地弹簧门 2. 材料种类、规格：铝合金型材 100 系列	铝合金双扇带上亮、带侧亮制作、安装	5-5-19	m^2	8.91	465.62	2 097.56	3.72	2 566.90
	铝合金双扇地弹门配件	5-9-46	樘	1	—	396.08	—	396.08
合计					465.62	2 493.64	3.72	2 962.98

根据企业情况确定管理费费率为 6.9%，利润率为 4.2%，工程量清单计价见表 5—4—9。

合价 =2 962.98 ×（1+6.9%+4.2%）=3 291.87 元

综合单价 =3 291.87 ÷ 8.91=369.46 元 /m^2 或 综合单价 =3 291.87 ÷ 1= 3 291.87 元 / 樘

表 5—4—9　　　　　　　　　　分部分项工程量清单计价表

工程名称：某工程

序号	项目编号	项目名称	项目特征	计量单位	工程数量	金额（元）	
						综合单价	合价
1	010802001001	金属门	1. 门的类型：双扇地弹簧门 2. 材料种类、规格：铝合金型材 100 系列	樘	1	3 291.87	3 291.87
				m^2	8.91	369.46	3 291.87

思考与练习

一、简答题

1. 简述木门窗的清单工程量计算规则。

2. 金属门窗的工程量计算规则是什么?

二、计算题

1. 某工程门连窗如图 5—4—3 所示，不带纱门连窗，共 30 个，木材为红松，一类薄板，刷底油一遍，要求现场制作，请编制木门工程项目清单并报价。

2. 某宿舍铝合金推拉窗，如图 5—4—4 所示，共 50 个，双扇推拉窗采用 5 mm 厚平板玻璃，一侧带纱，纱窗尺寸为 860 mm × 1 150 mm，请编制铝合金推拉窗工程项目清单并报价。

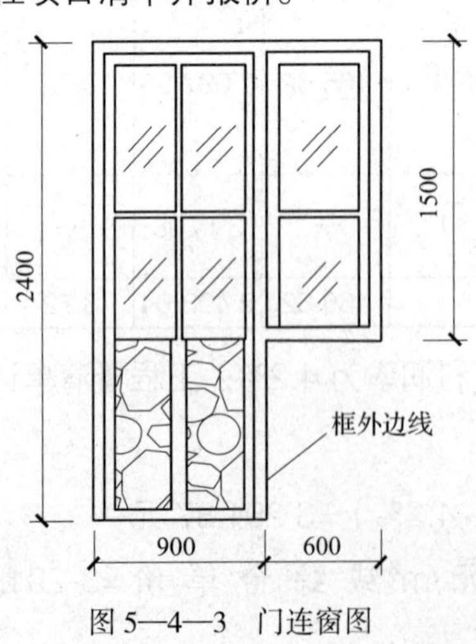

图 5—4—3　门连窗图

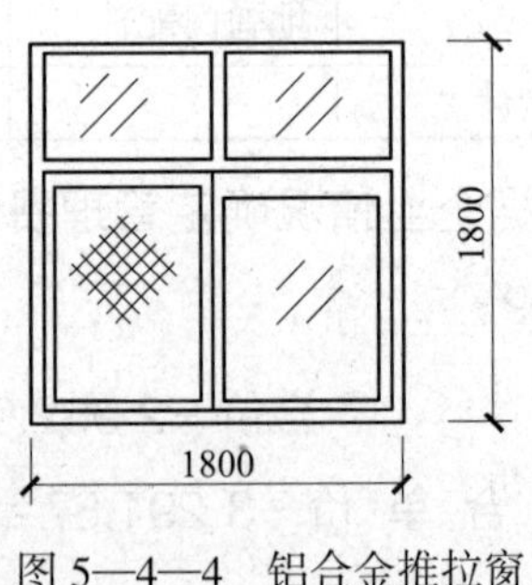

图 5—4—4　铝合金推拉窗

第五节　油漆涂料裱糊工程项目清单编制与报价

学习目标

1. 掌握门窗油漆的工程量清单编制与报价。
2. 熟悉木材面油漆的工程量清单编制与报价。

一、门油漆

1. 工程量计算规范相关规定

门油漆工程量清单项目设置、项目特征描述的内容、计量单位及工程量计算规则应按表 5—5—1 的规定执行。

表 5—5—1　　门油漆（编码：011401）

项目编码	项目名称	项目特征	计量单位	工程量计算规则	工作内容
011401001	木门油漆	1. 门类型 2. 门代号及洞口尺寸 3. 腻子种类 4. 刮腻子遍数 5. 防护材料种类 6. 油漆品种、刷漆遍数	1. 樘 2. m^2	1. 以樘计量，按设计图示数量计算 2. 以 m^2 计量，按设计图示洞口尺寸以面积计算	1. 基层清理 2. 刮腻子 3. 刷防护材料、油漆
011401002	金属门油漆				1. 除锈、基层清理 2. 刮腻子 3. 刷防护材料、油漆

注：1. 木门油漆应区分木大门、单层木门、双层（一玻一纱）木门、双层（单截口）木门、全玻自由门、半玻自由门、装饰门及有框门或无框门等项目，分别编码列项。
2. 金属门油漆应区分平开门、推拉门、钢制防火门等项目，分别编码列项。
3. 以 m^2 计量，项目特征可不描述洞口尺寸。

2. 案例应用

【案例 5—5—1】 全玻璃门，共 10 樘，尺寸如图 5—5—1 所示，油漆为底油 1 遍，调和漆 3 遍，编制门油漆工程量清单，确定综合单价。

分析： 由于门窗可以用自然计量单位“樘”计算工程量，所以，在计算综合单价时，可以以 1 樘为单位计算综合单价，再用综合单价乘以工程数量得合价，这

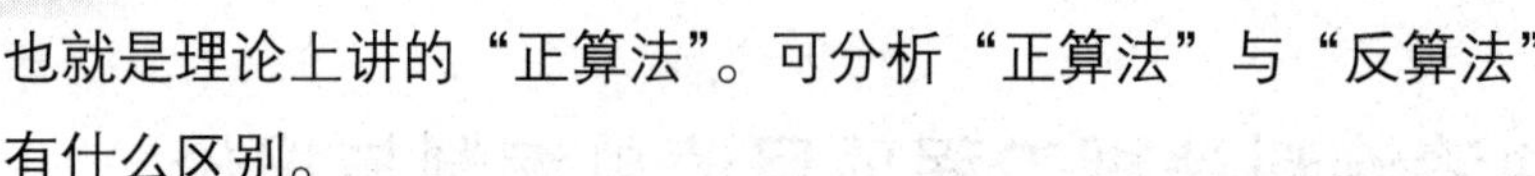

也就是理论上讲的“正算法”。可分析“正算法”与“反算法”有什么区别。

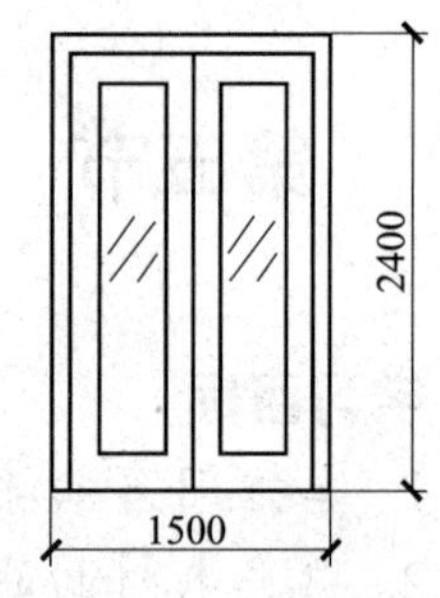

图 5—5—1　全玻璃门

解：（1）门油漆工程量清单的编制

门油漆工程量 =10 樘，或工程量 $=1.50\times2.40\times10=36.00\ m^2$，见表 5—5—2。

（2）门油漆工程量清单计价表的编制

该项目发生的工程内容：刷底油 1 遍，调和漆 2 遍，增加 1 遍调和漆。

表 5—5—2　　　　分部分项工程量清单

工程名称：某装饰工程

序号	项目编号	项目名称	项目特征	计量单位	工程数量
1	011401001001	木门油漆	1. 门类型：全玻璃门 2. 油漆种类、刷漆要求：油漆为底油 1 遍，调和漆 3 遍	樘 m^2	10 36.00

1 樘门油漆工程量 $=1.50\times2.40\times0.83$（系数）$=2.99\ m^2$

刷底油 1 遍，调和漆 2 遍，查附表五，套定额编号为 9-4-1 的定额子目。

每增加 1 遍调和漆，查附表五，套定额编号为 9-4-21 的定额子目。

人工、材料、机械单价选用价目表参考价，人工、材料、机械费用分析见表 5—5—3。

表 5—5—3　　　　工程量清单项目人工、材料、机械费用分析表

工程名称：某装饰工程

清单项目名称	工程内容	定额编号	计量单位	数量	费用组成：其中			
					人工费（元）	材料费（元）	机械费（元）	小计（元）
1. 门类型：全玻璃门 2. 油漆种类、刷漆要求：油漆为底油 1 遍，调和漆 3 遍	底油 1 道，调和漆 2 遍	9-4-1	m^2	2.99	28.05	26.82	—	54.87
	每增加 1 遍调和漆	9-4-21	m^2	2.99	5.39	11.71	—	17.10
合计					33.44	38.53	—	71.97

根据企业情况确定管理费费率为 51%，利润率为 17%，工程量清单计价见表 5—5—4。

综合单价 =71.97+33.44×（51%+17%）=94.71 元

表 5—5—4　　分部分项工程量清单计价表

工程名称：某装饰工程

序号	项目编号	项目名称	项目特征	计量单位	工程数量	金额（元）		
						综合单价	合价	其中暂估计
1	011401001001	木门油漆	1. 门类型：全玻璃门 2. 油漆种类、刷油要求：油漆为底油 1 遍，调和漆 3 遍	樘	10	94.71	947.10	
				m^2	36	26.31	947.10	

二、窗油漆

1. 工程量计算规范相关规定

窗油漆工程量清单项目设置、项目特征描述的内容、计量单位及工程量计算规则应按表 5—5—5 的规定执行。

表 5—5—5　　窗油漆（编码：011402）

项目编码	项目名称	项目特征	计量单位	工程量计算规则	工作内容
011402001	木窗油漆	1. 窗类型 2. 窗代号及洞口尺寸 3. 腻子种类 4. 刮腻子遍数 5. 防护材料种类 6. 油漆品种、刷漆遍数	1. 樘 2. m^2	1. 以樘计量，按设计图示数量计算 2. 以 m^2 计量，按设计图示洞口尺寸以面积计算	1. 基层清理 2. 刮腻子 3. 刷防护材料、油漆
011402002	金属窗油漆				1. 除锈、基层清理 2. 刮腻子 3. 刷防护材料、油漆

注：1. 木窗油漆应区分单层木窗、双层（一玻一纱）木窗、双层框扇（单裁口）木窗、双层框三层（二玻一纱）木窗、单层组合窗、双层组合窗、木百叶窗、木推拉窗等项目，分别编码列项。

2. 金属窗油漆应区分平开窗、推拉窗、固定窗、组合窗、金属隔栅窗等项目，分别编码列项。

3. 以 m^2 计量，项目特征可不描述洞口尺寸。

2. 案例应用

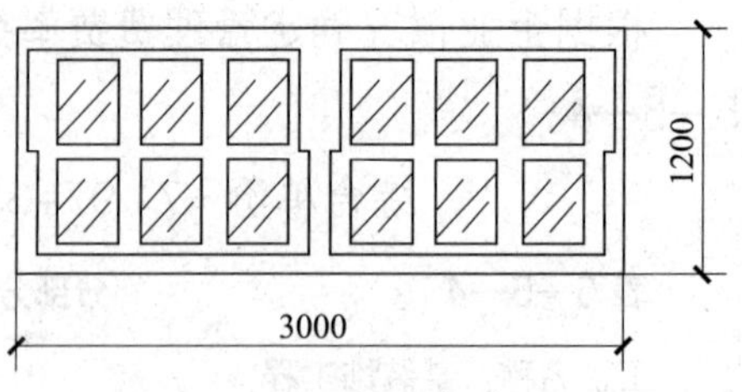

图 5—5—2　全中悬木制天窗

【案例 5—5—2】如图 5—5—2 所示，全中悬木制天窗 8 樘，油漆为底油 1 遍，调和漆 2 遍。编制木天窗油漆工程量清单，确定综合单价。

分析：以 1 樘窗为单位求出综合单价后，用综合单价乘以工程数量 8，得合价 555.87 元，用合价除以按 m^2 计量的工程数量 28.80，即得到以 m^2 计量的综合单价 19.30 元 /m^2。

解：（1）窗油漆工程量清单的编制

窗油漆工程量 =8 樘，或工程量 =3.00×1.20×8=28.80 m^2

工程量清单见表 5—5—6。

表 5—5—6　　分部分项工程量清单

工程名称：某装饰工程

编号	项目编号	项目名称	项目特征	计量单位	工程数量
1	011402001001	木窗油漆	1. 窗类型：全中悬木制天窗 2. 油漆种类、刷油要求：油漆为底油 1 遍，调和漆 2 遍	樘	8
				m^2	28.80

（2）窗油漆工程量清单计价表的编制

该项目发生的工程内容为：底油 1 遍，调和漆 2 遍。

1 樘窗油漆工程量 =3.00×1.20×0.83（系数）=2.99 m^2

刷底油 1 遍，调和漆 2 遍，查附表五，套定额编号为 9-4-2 的定额子目。

人工、材料、机械单价选用价目表参考价，人工、材料、机械费用分析见表 5—5—7。

根据企业情况确定管理费费率为 51%，利润率为 17%，工程量清单计价见表 5—5—8。

综合单价 =50.41+28.05×（51%+17%）=69.48 元

表 5—5—7　　工程量清单项目人工、材料、机械费用分析表

工程名称：某装饰工程

清单项目名称	工程内容	定额编号	计量单价	数量	费用组成　其中：			
					人工费	材料费	机械费	小计
窗油漆 1. 窗类型：全中悬木制天窗 2. 油漆种类、刷油要求：油漆为底油 1 遍，调和漆 2 遍	底油 1 遍，调和漆 2 遍	9-4-2	m^2	2.99	28.05	22.36	—	50.41
合计					28.05	22.36	—	50.41

表 5—5—8　　分部分项工程量清单计价表

工程名称：某装饰工程

序号	项目编号	项目名称	项目特征	计量单位	工程数量	金额（元）	
						综合单价	合价
1	011402001001	木窗油漆	1. 窗类型：全中悬木制天窗 2. 油漆种类、刷油要求：油漆为底油 1 遍，调和漆 2 遍	樘	8	69.48	555.84
				m^2	28.80	19.30	555.84

三、木材面油漆

1. 工程量计算规范相关规定

木材面油漆工程量清单项目设置、项目特征描述的内容、计量单位及工程量计算规则应按表 5—5—9 的规定执行。

2. 案例应用

【案例 5—5—3】某装饰工程造型木墙裙刷亚光聚酯色漆，工程量为 27.20 m^2，按透明腻子 1 遍、底漆 1 遍、面漆 3 遍的要求施工。编制木墙裙油漆工程量清单，确定综合单价。

分析：计算综合单价时，应在第三章第六节中查找相应的油漆系数，套用定额时，查附表，确定人、材、机价款。

表 5—5—9　　木材面油漆（编码：011404）

项目编码	项目名称	项目特征	计量单位	工程量计算规则	工作内容
011404001	木护墙、木墙裙油漆	1. 腻子种类 2. 刮腻子遍数 3. 防护材料种类 4. 油漆品种、刷漆遍数	m^2	按设计图示尺寸以面积计算	1. 基层清理 2. 刮腻子 3. 刷防护材料、油漆
011404002	窗台板、筒子板、盖板、门窗套、踢脚线油漆				
011404003	清水板条天棚、檐口油漆				
011404004	木方格吊顶天棚油漆				
011404005	吸音板墙面、天棚面油漆				
011404006	暖气罩油漆				
011404007	其他木材面				
011404008	木间壁、木隔断油漆			按设计图示尺寸以单面外围面积计算	
011404009	玻璃间壁露明墙筋油漆				
011404010	木栅栏、木栏杆（带扶手）油漆				
011404011	衣柜、壁柜油漆			按设计图示尺寸以油漆部分展开面积计算	
011404012	梁柱饰面油漆				
011404013	零星木装修油漆				
011404014	木地板油漆			按设计图示尺寸以面积计算。空洞、空圈、暖气包槽、壁龛的开口部分并入相应的工程量内	
011404015	木地板烫硬蜡面	1. 硬蜡品种 2. 面层处理要求			1. 基层清理 2. 烫蜡

解：（1）造型木墙裙油漆工程量清单的编制

木墙裙油漆工程量 =27.20 m^2，工程量清单见表 5—5—10。

表 5—5—10　　分部分项工程量清单

工程名称：某装饰工程

序号	项目编号	项目名称	项目特征	计量单位	工程数量
1	011404001001	木护墙、木墙裙油漆	1. 基层类型：木饰面板，有造型墙裙 2. 油漆种类、刷油要求：聚酯亚光清漆，透明腻子 1 遍，底漆 1 遍，面漆 3 遍	m^2	27.20

（2）木墙裙油漆工程量清单计价表的编制

该项目发生的工程内容：刷底油 1 遍、聚酯亚光清漆 2 遍、增刷聚酯亚光清漆 1 遍。

有造型的墙面墙裙油漆工程量 $=27.20\times1.25$（系数）$=34.00\ m^2$

墙面墙裙刷底油 1 遍、聚酯亚光清漆 2 遍，查附表五，套定额编号为 9-4-43 的定额子目。

墙面墙裙增刷聚酯亚光清漆 1 遍，查附表五，套定额编号为 9-4-48 的定额子目。

人工、材料、机械单价选用价目表参考价，人工、材料、机械费用分析见表 5—5—11。

表 5—5—11　　工程量清单项目人工、材料、机械费用分析表

工程名称：某装饰工程

清单项目名称	工程内容	定额编号	计量单位	数量	费用组成　其中：			
					人工费	材料费	机械费	小计
木护墙、木墙裙油漆 1. 基层类型：木饰面板，有造型墙裙 2. 油漆种类、刷油要求：聚酯亚光清漆，透明腻子 1 遍，底漆 1 遍，面漆 3 遍	刷底油 1 遍、聚酯亚光清漆 2 遍	9-4-43	m^2	34.00	427.07	374.88	—	801.95
	增刷聚酯亚光清漆 1 遍	9-4-48	m^2	34.00	73.88	73.34	—	147.22
合计					500.95	448.22	—	949.17

根据企业情况确定管理费费率为 51%，利润率为 17%，工程量清单计价见表 5—5—12。

合价 =949.17+500.95×（51%+17%）=1 289.82 元

综合单价 =1 289.82÷27.20=47.42 元 /m^2。

表 5—5—12　　分部分项工程量清单计价表

工程名称：某装饰工程

序号	项目编号	项目名称	项目特征	计量单位	工程数量	金额（元）	
						综合单价	合价
1	011404001001	木护墙、木墙裙油漆	1. 基层类型：木饰面板，有造型墙裙 2. 油漆种类、刷油要求：聚酯亚光清漆，透明腻子 1 遍，底漆 1 遍，面漆 3 遍	m^2	27.2	47.42	1 289.82

思考与练习

一、简答题

1. 木门油漆的清单计算规则是什么?

2. 编制木材面油漆项目清单时怎样计算工程量?

二、计算题

1. 某工程的木门如图 5—5—3 所示，不带纱半截玻璃镶板门，双扇带亮，共 8 樘，油漆为底油 1 遍，调和漆 2 遍，请编制门油漆工程项目清单并报价。

2. 某工程单层木窗洞口尺寸为 1 800 mm×1 800 mm，共 12 樘，油漆为底漆 1 遍，调和漆 2 遍，请编制油漆工程量清单并报价。

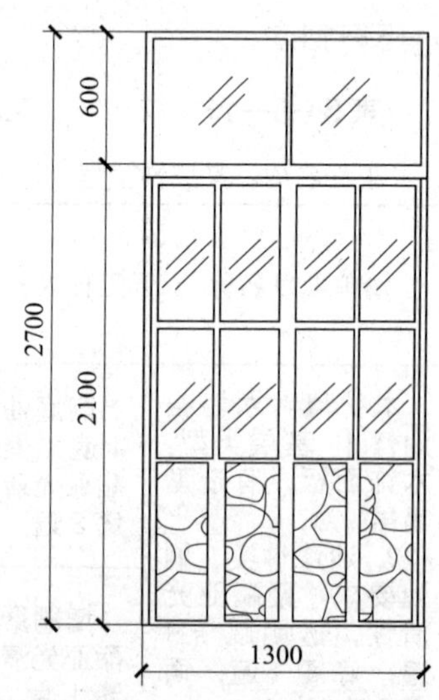

图 5—5—3　半截玻璃镶板门

第六节 措施项目清单编制与报价

学习目标

1. 掌握脚手架工程量清单编制与报价。
2. 熟悉垂直运输与超高施工增加的清单计算规则。

一、脚手架工程

1. 工程量计算规范相关规定

脚手架工程工程量清单项目设置、项目特征描述的内容、计量单位及工程量计算规则，应按表 5—6—1 的规定执行。

表 5—6—1　　脚手架工程（编码：011701）

项目编码	项目名称	项目特征	计量单位	工程量计算规则	工作内容
011701001	综合脚手架	1. 建筑结构形式 2. 檐口高度	m^2	按建筑面积计算	1. 场内、场外材料搬运 2. 搭、拆脚手架、斜道、上料平台 3. 安全网的铺设 4. 选择附墙点与主体连接 5. 测试电动装置、安全锁等 6. 拆除脚手架后材料的堆放
011701002	外脚手架	1. 搭设方式 2. 搭设高度 3. 脚手架材质		按所服务对象的垂直投影面积计算	1. 场内、场外材料搬运 2. 搭、拆脚手架、斜道、上料平台 3. 安全网的铺设 4. 拆除脚手架后材料的堆放
011701003	里脚手架				
011701004	悬空脚手架	1. 搭设方式 2. 悬挑宽度 3. 脚手架材质		按搭设的水平投影面积计算	
011701005	挑脚手架		m	按搭设长度乘以搭设层数以延长米计算	
011701006	满堂脚手架	1. 搭设方式 2. 搭设高度 3. 脚手架材质	m^2	按搭设的水平投影面积计算	

续表

项目编码	项目名称	项目特征	计量单位	工程量计算规则	工作内容
011701007	整体提升架	1. 搭设方式及启动装置 2. 搭设高度	m^2	按所服务对象的垂直投影面积计算	1. 场内、场外材料搬运 2. 选择附墙点与主体连接 3. 搭、拆脚手架、斜道、上料平台 4. 安全网的铺设 5. 测试电动装置、安全锁等 6. 拆除脚手架后材料的堆放
011701008	外装饰吊篮	1. 升降方式及启动装置 2. 搭设高度及吊篮型号			1. 场内、场外材料搬运 2. 吊篮的安装 3. 测试电动装置、安全锁、平衡控制器等 4. 吊篮的拆卸

注：1. 使用综合脚手架时，不再使用外脚手架、里脚手架等单项脚手架；综合脚手架适用于能够按“建筑面积计算规则”计算建筑面积的建筑工程脚手架，不适用于房屋加层、构筑物及附属工程脚手架。

2. 同一建筑物有不同檐高时，按建筑物竖向切面分别按不同檐高编列清单项目。

3. 整体提升架已包括 2 m 高的防护架体设施。

4. 脚手架材质可以不描述，但应注明由投标人根据工程实际情况按照国家现行标准自行确定。

2. 案例应用

【案例 5—6—1】某顶棚抹灰，尺寸如图 5—6—1 所示，按招标文件要求，搭设钢管满堂脚手架，请编制措施项目工程量清单并进行清单报价。

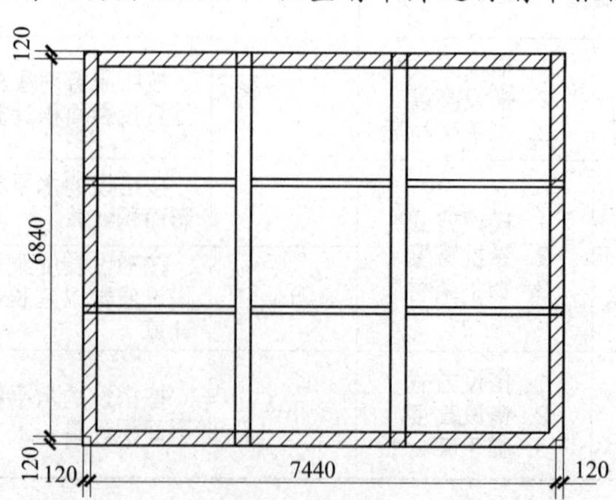

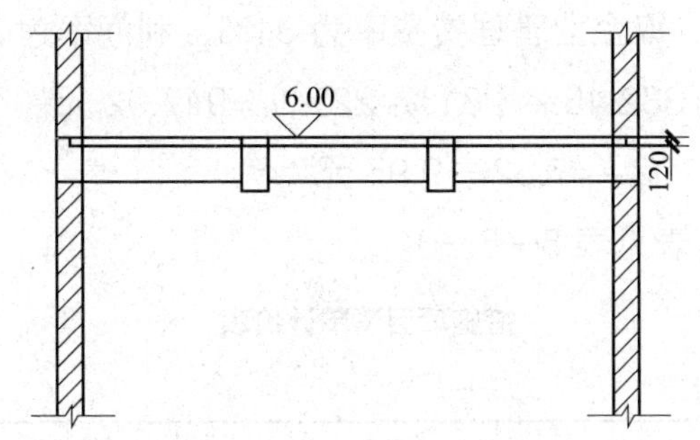

图 5—6—1　井字梁顶棚

分析：根据定额工程量计算规则，满堂脚手架高度超过 3.6 m 时，应计算增加层，学习本案例时可对照第三章案例 3—8—1。

解：（1）措施项目工程量清单编制

满堂脚手架工程量 =（7.44−0.24）×（6.84−0.24）=47.52 m^2

措施项目清单见表 5—6—2。

表 5—6—2　　措施项目清单

工程名称：某装饰工程

序号	项目编号	项目名称	项目特征	计量单位	工程数量
1	011701006001	满堂脚手架	1. 搭设方式：满堂搭设 2. 搭设高度：5.88 m 3. 脚手架材质：钢管	m^2	47.52

（2）措施项目清单计价表的编制

1）清单项目发生的工程内容：满堂脚手架搭设。

2）按现行定额工程量计算规则计算工程量并套项求直接工程费。

满堂脚手架工程量 =（7.44−0.24）×（6.84−0.24）=47.52 m^2

增加层（6.00−0.12−5.2）÷1.2=0.57 层，按 1 层计算。

查附表七，套定额编号为 10−1−27 和 10−1−28 的定额子目。

基价 =105.22+22.20=127.42 元 /10 m^2

其中人工费 =50.88+19.08=69.96 元

所以直接工程费 =127.42×4.752=605.50 元，其中人工费 =69.96×4.752=332.45 元

3）根据企业情况，取企业管理费费率为 81%，利润率为 22%。

4）合价 =605.50+332.45×（81%+22%）=947.92 元

5）综合单价 =947.92÷47.52=19.95 元 /m^2

措施项目清单计价表见表 5—6—3。

表 5—6—3　　措施项目清单计价表

工程名称：某装饰工程

序号	项目编号	项目名称	项目特征	计量单位	工程数量	金额（元）	
						综合单价	合价
1	011701006001	满堂脚手架	1. 搭设方式：满堂搭设 2. 搭设高度：5.88 m 3. 脚手架材质：钢管	m^2	47.52	19.95	947.92

二、垂直运输与超高施工增加

1. 垂直运输工程量计算规范相关规定

垂直运输工程量清单项目设置、项目特征描述的内容、计量单位及工程量计算规则应按表 5—6—4 的规定执行。

表 5—6—4　　垂直运输（编码：011703）

项目编码	项目名称	项目特征	计量单位	工程量计算规则	工作内容
011703001	垂直运输	1. 建筑物建筑类型及结构形式 2. 地下室建筑面积 3. 建筑物檐口高度、层数	1. m^2 2. 天	1. 按建筑面积计算 2. 按施工工期日历天数计算	1. 垂直运输机械的固定装置、基础制作、安装 2. 行走式垂直运输机械轨道的铺设、拆除、摊销

注：1. 建筑物的檐口高度是指设计室外地坪至檐口滴水的高度（平屋顶是指屋面板底高度），突出主体建筑物屋顶的电梯机房、楼梯出口间、水箱间、瞭望塔、排烟机房等不计入檐口高度。

2. 垂直运输指施工工程在合理工期内所需垂直运输机械。

3. 同一建筑物有不同檐高时，按建筑物的不同檐高做纵向分割，分别计算建筑面积，以不同檐高分别编码列项。

2. 超高施工增加工程量计算规范相关规定

超高施工增加工程量清单项目设置、项目特征描述的内容、计量单位及工程量计算规则应按表 5—6—5 的规定执行。

表 5—6—5　　　　超高施工增加（编码：011704）

项目编码	项目名称	项目特征	计量单位	工程量计算规则	工作内容
011704001	超高施工增加	1. 建筑物建筑类型及结构形式 2. 建筑物檐口高度、层数 3. 单层建筑物檐口高度超过 20 m，多层建筑物超过 6 层部分的建筑面积	m^2	按建筑物超高部分的建筑面积计算	1. 建筑物超高引起的人工工效降低及由于人工工效降低引起的机械降效 2. 高层施工用水加压水泵的安装、拆除及工作台班 3. 通信联络设备的使用及摊销

注：1. 单层建筑物檐口高度超过 20 m，多层建筑物超过 6 层时，可按超高部分的建筑面积计算超高施工增加。计算层数时，地下室不计入层数。

2. 同一建筑物有不同檐高时，可按不同高度的建筑面积分别计算建筑面积，以不同檐高分别编码列项。

思考与练习

一、简答题

1. 怎样计算满堂脚手架清单工程量?

2. 同一建筑物有不同檐高时，应怎样确定垂直运输工程量?

3. 超高施工增加工程量如何计算?

二、计算题

1. 某顶棚净高为 6.20 m，顶棚净面积为 52.64 m^2。根据招标文件要求，需搭设钢管满堂脚手架，请编制措施项目清单并报价。企业管理费费率和利润率分别取 8% 和 22%。

2. 某工程内墙装修单独发包，由装饰公司自备垂直运输机械，根据招标文件提供资料：建筑面积为 5 000 m^2，建筑物层数为 8 层，请编制措施项目清单报价。以省价直接工程费为计费基础，企业管理费费率和利润率分别取 8.1% 和 2.2%。

第七节　分部分项工程项目清单编制实例

学习目标

1. 熟悉工程量清单计算表格的填写。
2. 熟悉分部分项工程项目清单与计价表的填写。

一、背景资料

某装饰工程地面、墙面、天棚的尺寸及做法如图 5—7—1~ 图 5—7—4 所示，房间外墙厚 240 mm，中到中尺寸为 12 000 mm × 18 000 mm，800 mm × 800 mm 独立柱 4 根，墙体抹灰厚度为 20 mm（门窗占位面积 80 m^2，门窗洞口侧壁抹灰 15 m^2、柱垛展开面积 11 m^2），地砖地面施工完成后尺寸（12-0.24-0.04）×（18-0.24-0.04）=207.68 m^2，吊顶高度 3 600 mm（窗帘盒占位面积 7 m^2），做法为：地面 20 mm 厚度 1 ∶ 3 水泥砂浆找平、20 mm 厚 1 ∶ 2 干性水泥砂浆粘贴玻化砖，玻化砖踢脚线，高度 150 mm（门洞宽度合计 4 m），墙面乳胶漆一底两面，天棚轻钢龙骨石膏板面刮成品腻子面罩乳胶漆一底两面。ϕ6.5 mm 吊杆，高度

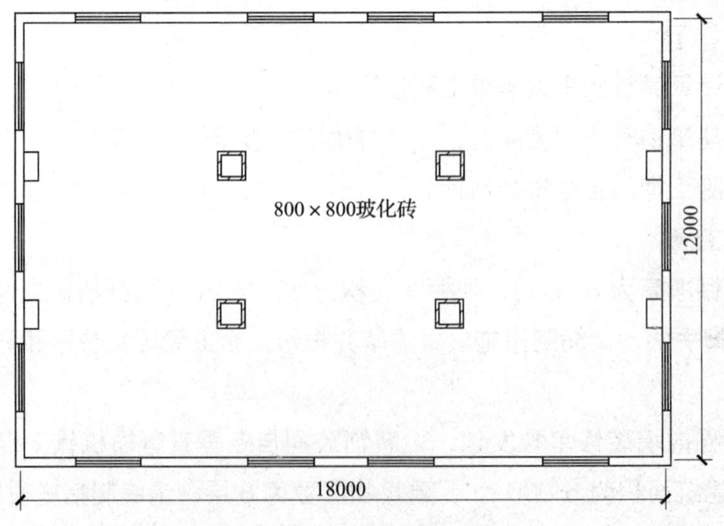

图 5—7—1　某工程地面示意图

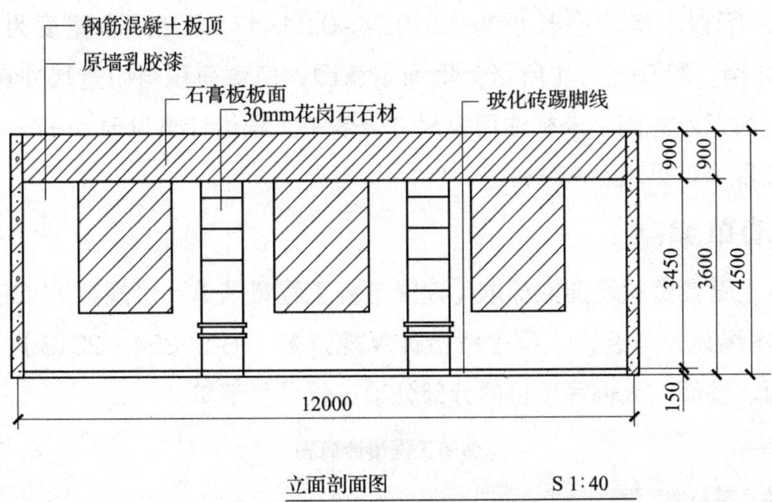

图 5—7—2 某工程大厅立面图

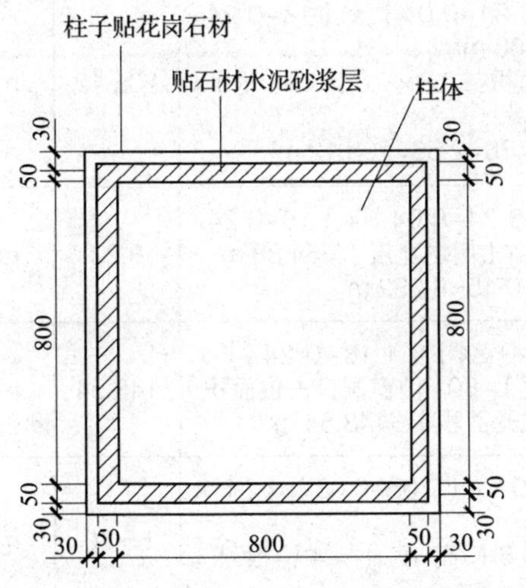

图 5—7—3 某工程大厅立柱剖面图

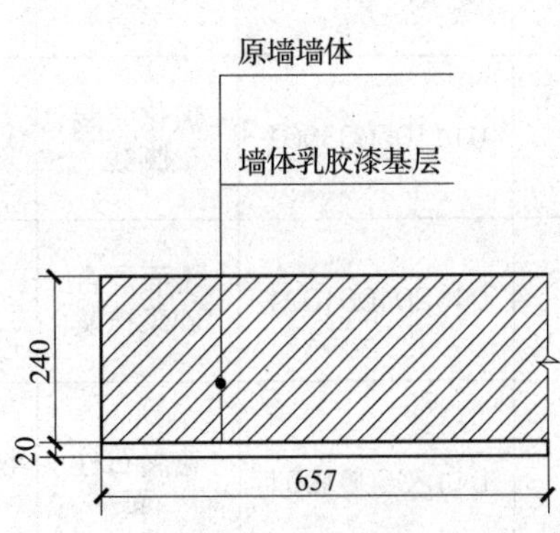

图 5—7—4 某工程墙体抹灰剖面图

900 mm，石膏板尺寸 1 200 mm × 2 400 mm × 12 mm，柱面挂贴 30 mm 厚花岗石板，花岗石板和柱结构面之间空隙填灌 50 mm 厚的 1∶3 水泥砂浆。墙面抹灰和柱面贴花岗石板的高度按 3.6 m 计算，墙体抹灰做法为：1∶1∶6 混合砂浆打底，6 mm 厚 1∶1∶6 混合砂浆找平，5 mm 厚 1∶1.4 混合砂浆面层。

分析：本案例是在墙体抹灰完成后进行的地面、顶棚等装修。墙体抹灰厚度为 20 mm，所以，房间净长度为 18-0.24-0.04=17.72 m，净宽度为 12-0.24-0.04=11.72 m。图 5—7—1 所示为地面示意图，门窗面积与门宽尺寸在背景资料中已给出，所以示意图上未标注门窗尺寸。清单工程量计算见表 5—7—1，各分部分项工程项目清单见表 5—7—2。

二、清单编制

根据以上背景资料及国家标准《建设工程工程量清单计价规范》(GB 50500—2013)、《房屋建筑与装饰工程工程量计算规范》(GB 50854—2013)，编制该装饰工程地面、墙面、天棚等项目的分部分项工程项目清单。

表 5—7—1　　清单工程量计算表

工程名称：某装饰工程

序号	清单项目编码	清单项目名称	计算式	工程量合计	计量单位
1	011102001001	玻化砖地面	S=(12-0.24-0.04)×(18-0.24-0.04)=207.68 m^2 扣柱占位面积：(0.8×0.8)×4(根)=2.56 m^2 小计：207.68-2.56=205.12 m^2	205.12	m^2
2	011105003001	玻化砖踢脚线	L=[(12-0.24-0.04)+(18-0.24-0.04)]×2-4(门洞宽度)=54.88 m S=54.88×0.15=8.232 m^2	8.23	m^2
3	011201001001	墙面混合砂浆抹灰	S=[(12-0.24)+(18-0.24)]×2×3.6(高度)-80(门窗洞口占位面积)+11(柱垛展开面积)=143.54 m^2	143.54	m^2
4	011205001001	花岗石柱面	柱周长：[0.8+(0.05+0.03)×2]×4=3.84 m S=3.84×3.6(高度)×4(根)=55.30 m^2	55.30	m^2
5	011302001001	轻钢龙骨石膏板吊顶天棚	(同地面)207.68-0.8×0.8×4-7(窗帘盒占位面积)=198.12 m^2	198.12	m^2
6	011407001001	墙面喷刷乳胶漆	(同墙面抹灰)143.54+15(门窗洞口侧壁)=158.54 m^2	158.54	m^2
7	011407002001	天棚喷刷乳胶漆	207.68-(0.8+0.05×2+0.03×2)×(0.8+0.05×2+0.03×2)×4-7(窗帘盒占位面积)=196.99 m^2	196.99	m^2

表 5—7—2 分部分项工程和单价措施项目清单与计价表

工程名称：某装饰工程

序号	项目编码	项目名称	项目特征描述	计量单价	工程量	金额（元）	
1	011102001001	玻化砖地面	1. 找平层厚度、砂浆配合比：20 mm 厚 1∶3 水泥砂浆 2. 结合层、砂浆配合比：20 mm 厚 1∶2 干硬性水泥砂浆 3. 面层品种、规格、颜色：米色玻化砖（详见设计图样）	m^2	205.12		
2	011105003001	玻化砖踢脚线	1. 踢脚线高度 150 mm 2. 粘接层厚度、材料种类：4 mm 厚纯水泥浆（425 号水泥中掺 20% 白乳胶） 3. 面层材料种类：玻化砖面层，白水泥擦缝	m^2	8.23		
3	011201001001	墙面混合砂浆抹灰	1. 墙体类型：综合 2. 底层厚度、砂浆配合比：9 mm 厚 1∶1∶6 混合砂浆打底、6 mm 厚 1∶1∶6 混合砂浆找平层 3. 面层厚度、砂浆配合比：5 mm 厚 1∶1∶4 混合砂浆	m^2	143.54		
4	011204001001	花岗石柱面	1. 柱截面类型、尺寸：800 mm × 800 mm 矩形柱 2. 安装方式：挂贴，石材与柱结构面之间 50 mm 的空隙灌填 1∶3 水泥砂浆 3. 缝宽、嵌缝材料种类：密缝，白水泥擦缝	m^2	55.30		
5	011302001001	轻钢龙骨石膏板吊顶天棚	1. 吊顶形式、吊杆规格、高度：ϕ6.5 mm 吊杆，高度 900 mm 2. 龙骨材料种类、规格、中距：轻钢龙骨规格中距详见设计图样 3. 面层材料种类、规格：厚纸面石膏板 1 200 mm × 2 400 mm × 12 mm	m^2	198.12		

续表

序号	项目编码	项目名称	项目特征描述	计量单价	工程量	金额(元)	
6	011407001001	墙面喷刷乳胶漆	1. 基层类型：抹灰面 2. 喷刷涂料部位：内墙面 3. 腻子种类：成品腻子 4. 刮腻子要求：符合施工及验收规范的平整度 5. 涂料品种、喷刷遍数：乳胶漆底漆一遍、面漆两遍	m^2	158.54		
7	011407002001	天棚喷刷乳胶漆	1. 基层类型：石膏板 2. 喷刷涂料部位：天棚 3. 腻子种类：成品腻子 4. 刮腻子要求：符合施工及验收规范的平整度 5. 涂料品种、喷刷遍数：乳胶漆底漆一遍、面漆两遍	m^2	196.99		

第六章　工程造价软件应用

第一节　工程计量软件应用

学习目标

1. 熟悉算量软件的特点。
2. 掌握算量软件的工作原理。

随着工程造价改革的不断深入及计算机应用软件开发的日新月异，传统的手工作业由于不能适应现阶段工程造价的需求而逐渐被工程造价软件所取代。目前，市场上出现的工程造价软件有很多种，如广联达软件、福莱一点通软件、清华斯维尔软件、新宇取费软件等。大多数造价软件都具有计量功能和计价功能。但由于各省定额有所差异，所以，各种造价软件除依据国家标准《建设工程工程量清单计价规范》(GB 50500—2013) 以外，还应结合各省颁布的预算定额、费用定额等编制算量套价一体化的造价信息系统软件。各种软件在设置与使用上虽有不同，但其算量与计费原理是相通的。

一、软件工作原理

“三维算量 3DA2010”是一套图形化建筑项目工程量计算软件，利用计算机的“可视化技术”，采用“虚拟施工”的方式对工程项目进行虚拟三维建模，从而生成计算工程量的预算图。经过对图形中各构件进行清单、定额挂接，根据清单、定额所规定的工程量计算规则，计算机自动进行相关构件的空间分析扣减，从而得到工程项目的各类工程量。

1. 预算图与构件属性

(1) 预算图。预算图是指用计算机进行建筑工程量计算时，利用三维算量 3DA2010 软件建立的三维工程模型图。这个工程模型的平面图与设计部门提供的施工图相似，但还包括了工程量计算所需要的所有信息。其不仅包括建筑施工图上的内容，如所有的墙体、门窗，所用材料甚至施工做法，还包括结构施工图上的内容，如柱、梁、板、基础的精确尺寸及钢筋的所有信息。

三维算量 3DA2010 软件利用“可视化技术”，采用“虚拟施工”的方式，建立精确的工程模型，也就是“预算图”，进行工程量的计算。根据工程人员的习惯，将建筑工程中的工程量信息抽象为柱、梁、板、墙、门窗、轮廓、钢筋等构件。通过对柱、梁、墙、门窗等“骨架”构件准确定位，使工程中所有的构件都具有精确的形体和尺寸。

生成各类构件的方式同样也遵循工程的特点和习惯。例如，楼板是由墙体或梁、柱围成的封闭区域形成的，当墙体或梁精确定位以后，楼板的位置和形状也就确定了。同样地，楼地面、天棚、屋面、墙面装饰也是通过墙体、门窗、柱围成的封闭区域生成的轮廓构件，从而获得楼地面、天棚、屋面、墙面装饰工程量。对于“轮廓、区域型”构件，软件可以自动找到这些构件的边界，从而自动形成这些构件。

在创建的预算图中，以每个构件作为组织对象，分别赋予了相关的属性，为后面的模型分析计算、统计和报表提供充足的信息来源。

（2）构件属性。构件属性是指构件在预算图中被赋予的所有与工程量计算相关的信息。构件属性主要分为六类。

1）物理属性（主要是构件的标识信息，如构件编号、类型、特征等）。

2）几何属性（主要指与构件本身几何尺寸有关的数据信息，如长度、高度、厚度等）。

3）施工属性（是指构件在施工过程中产生的数据信息，如混凝土的搅拌制作、浇捣，所用材料等）。

4）计算属性（是指构件在预算图中，经过程序的处理产生的数据结果，如构件的左右侧面积等）。

5）其他属性（所有不属于上面四类属性之列的属性均属于其他属性，可以用来扩展输出换算条件，如用户自定义的属性、轴网信息、构件中的备注等）。

6）钢筋属性（是在进行钢筋布置和计算时所用的信息，如环境类别、钢筋的保护层厚度等）。这一属性在装饰工程计量中很少用到。

以上构件的六类属性都是在生成构件时应赋予的，其中有些是系统自动生成的，而有些需要用户手工指定。预算图中生成的构件可以通过“构件查询”工具进行构件的属性值查询和修改有关属性值。

在同一工程、同一楼层的预算图中，名称相同的构件应该具有相同的属性值，不同楼层里可以有相同的构件编号，如柱随层高而变截面；但门窗、洞口编号除外，其编号所有楼层通用，不按楼层区别编号。

2. 工程量计算规则和计算方式

三维算量 3DA2010 软件中内置了全国各地的工程量计算规则。按照全国各地区规定的工程量运算模式定义，如果软件内已定义的计算规则不适用，用户只要简单对计算规则进行重定义就可以适用新的工程量运算模式了。

在软件中，将一栋建筑细分为无数个不同类型的构件，并赋予每个构件所有算量方面的属性，将每个构件在工程量计算中所能用到的信息都通过相关属性记录下来，然后通过一个灵活的工程量输出指定机制，将工程量按照用户的需要模式输出，完成工程量的计算。

对于每个构件在工程量计算中所能用到的信息，软件会根据构件的相关属性和特点，正常情况下软件都会通过多种方式自动生成，不需要用户手工操作。例如：在计算梁、柱相接柱的模板面积时，软件会自动分析出梁、柱相接触部位的面积值，并自动保存到相关的数据表中。当用户需要得到该柱的模板面积值时，程序只需将该柱的全“侧面积值”按照工程量计算规则相加减梁、柱相“接触面积值”，从而得出柱子的模板工程量。

软件提供了灵活的清单和定额挂接及工程量输出机制，保障了工程量统计的方便、快捷。

3. 预算图建模原则

（1）绘制预算图中各类构件。首先是确定柱、墙、梁、基础等结构骨架形构件在预算图中的位置，然后根据这些骨架构件所处位置和封闭区域，确定门窗洞口、过梁、板、房间等其他区域构件和寄生类构件，如遮阳板、装饰性腰线等。

（2）定义每种构件的清单和定额属性。实质上，在预算图中绘制的各类构件，就是将所属构件的工程量属性值录入预算图中。而给每个构件指定施工做法（即清单和定额）就是定义一种工程量的输出规则。将构件按照要求给定归并条件，通过计算分析之后，有序地将构件工程量进行统计汇总，最终得到所需的工程量清单。

上述两方面的工作可独立进行也可交叉进行。首先，可以完全不考虑构件的做法信息，先绘制出构件预算图，之后再定义构件的做法；其次，在定义构件属性值过程的同时，定义构件的做法，布置构件时同时将做法信息一同布置。

（3）给钢筋混凝土构件布置钢筋。这一部分在装饰工程中很少用到，故不作具体讲述。

（4）在进行预算图建模的过程中，需要遵循以下三个原则：

1）电子文档识别构件或构件定义与布置。充分利用电子图文档智能识别功能，快速完成建模工作。如果没有电子图文档，则要按施工图模拟布置构件。在布置构件时，需要先定义构件的一些相关属性值，如构件的编号、所用材料、构件的截面尺寸等，然后再到界面上布置相应的构件。

2）用图形法计算工程量的构件，必须绘制到预算图中。在计算工程量时，预算图中找不到的构件是不会计算工程量的，尽管可能已经定义了其有关属性值。

3）工程量分析统计前，要进行合法性检查。为保证构件模型的正确性、合理性，软件提供了强大的检查功能，可以检查出模型中可能存在的错误，如应当连接的构件没有连接上、应当断开的而没有断开、重复布置的构件等，以减小人为因素造成的工程量精度误差。

二、软件特点

三维算量3DA2010软件集专业化、易用化、人性化、智能化、参数化、可视化于一体，主要特点如下：

1. 三维可视

三维模型超级仿真，多视图观察，三维状态下动态修改与核对。

2. 集成一体

共享建筑模型数据，快速、准确地计算清单、定额、构件实物量、钢筋和进度工程量。

3. 操作易用

系统功能高度集成，操作统一，流水性的工作流程。

4. 系统智能

国内首创识别设计院 CAD 电子文档，快速转化模型算量。

5. 人性友好

全面采用 Windows XP 风格，使用方便、简洁，操作易上手。

6. 计算准确

根据各地计算规则，分析构件三维搭接关系，准确自动扣减。

7. 输出规范

报表设计灵活，提供各地常用报表格式，按需导出计价或 Excel 表格。

思考与练习

一、填空题

1. 构件属性主要分为__________、__________、__________、__________、________和钢筋属性六类。

2. 利用“可视化技术”进行工程量计算时，根据工程人员的习惯，将建筑工程中的工程量信息，抽象为柱、__________、__________、__________、__________、轮廓、钢筋等构件。

3. 几何属性是指与构件本身__________有关的数据信息。

二、简答题

1. 在进行预算图建模的过程中，应遵循哪三个原则?

2. 简述三维算量 3DA2010 软件的特点。

第二节　工程计价软件应用

学习目标

1. 了解计价软件的功能及操作流程。
2. 掌握工程量清单和招标控制价的编制。
3. 熟悉编制投标报价与招标控制价的差异。

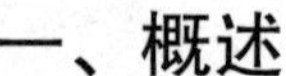

一、概述

“清单计价 2010”是集计价、招标管理、投标管理于一体的计价软件，应用于建设工程开发商、施工单位、造价咨询单位、建设监理单位、政府工程造价监管部门等。本软件能同时适用于定额计价、综合计价和清单计价，可挂接不同地区及不同专业定额，可以自定义取费程序和报表，满足不同地区、不同专业的招投标报价的需求。软件操作方便、界面简洁，如图 6—2—1 所示。

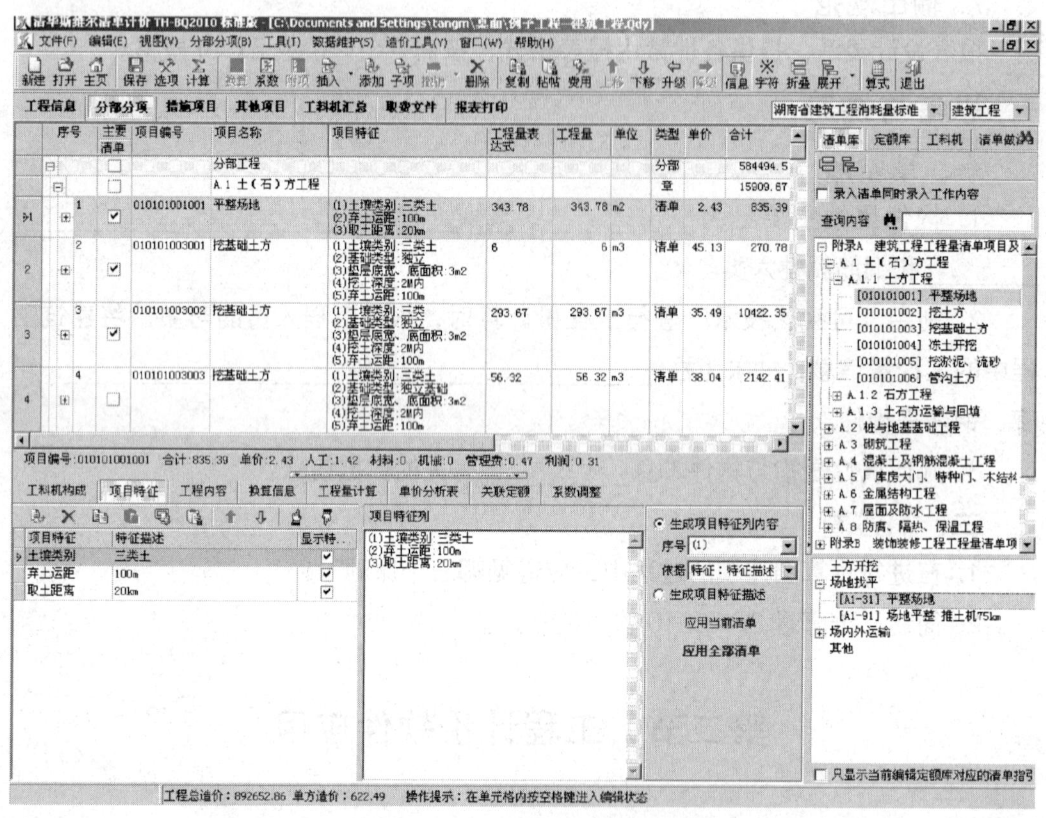

图 6—2—1　清单计价 2010 界面

1. 功能简介

主要功能包括新建单位工程、新建建设项目、新建审计工程、导入 Excel 格式、算量文件、快速调价设置单价分析模板、设置降效、快速调价、工程比较、合并单位工程、备份单位工程、恢复单位工程等。

2. 操作流程

具体操作流程如图 6—2—2 所示。

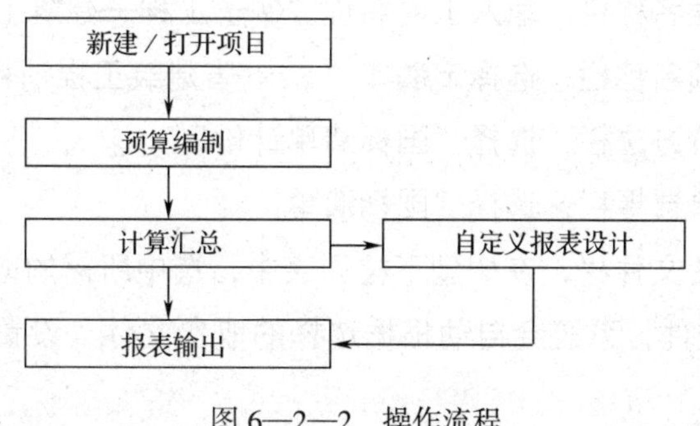

图 6—2—2　操作流程

二、工程量清单和招标控制价编制

1. 新建招标工程项目

本招标文件实例工程包含建筑和安装两个单位工程，可以将两个单位工程合并在同一个建设项目中进行编制；单位工程又可以分为直接新建单位工程和导入三维算量文件两种方法进行编制，下面逐一介绍。

（1）新建建设项目。新建一个建设项目管理文件，用于组织和管理多个单位工程，操作步骤如下：

步骤一：点击工具栏的“新建”按钮，弹出新建向导操作界面。

步骤二：选中“建设项目”后，单击“确定”按钮，弹出新建建设项目管理文件操作界面。

步骤三：在建设项目管理文件操作界面，输入建设项目名称，建设项目类型选择“招标控制价”，单击“完成”按钮，弹出建设项目管理操作界面。

步骤四：在建设项目管理操作界面下，右击在快捷菜单中选择“新增子工程”，创建一个单项工程，在工程名称栏输入单项工程名称，在工程属性页面输入属性值。

步骤五：在单项工程节点下，右击在快捷菜单中选择“新增单位工程”，弹出新建单位工程向导操作界面，选择“新建并添加单位工程”，单击“确定”按钮进入下一步新建单位工程操作界面。

（2）新建单位项目。在新建建设项目步骤五后，进入新建单位工程操作界面按照以下操作步骤完成新建单位工程操作。

步骤一：在工程名称栏，输入工程名称“例子工程—建筑工程”。

步骤二：在定额名称栏，选择定额库“××省建筑工程消耗量标准”。

步骤三：在计价方法栏，选择“国标清单计价”。

步骤四：在清单选择栏，选择“国标清单”。

步骤五：在取费文件栏，在树型下拉列表中，选中所需的取费文件，双击或按Enter键选择取费文件，系统会自动根据选择的取费文件，设置专业类别和工程类别。

步骤六：计税施工地点，选择“市区”。

步骤七：费率执行时间，选择“2009年1月4日至今”。

步骤八：专业类别，选择“建筑工程”。

步骤九：完成以上设置后，单击“确定”按钮，完成新建单位工程，文件自动保存在软件安装路径下的UserData文件夹中。

图6—2—3所示为“新建预算书”对话框。

新建预算书

工程名称：例子工程—建筑工程

工程编号：　招投标类型：标底

定额选择：湖南省建筑工程消耗量标准

计价方法：国标清单计价

清单选择：国标清单（湖南2008）

取费文件：湘建价【2009】3号 清单计价

专业类别：建筑工程　工程类别：综合类别

价格文件：

计税施工地点：市区　费率执行时间：2009年1月4日至今

专业类别：建筑工程

☑ 保存时用工程名称为文件名保存到默认路径　确 定　取 消

图6—2—3 “新建预算书”对话框

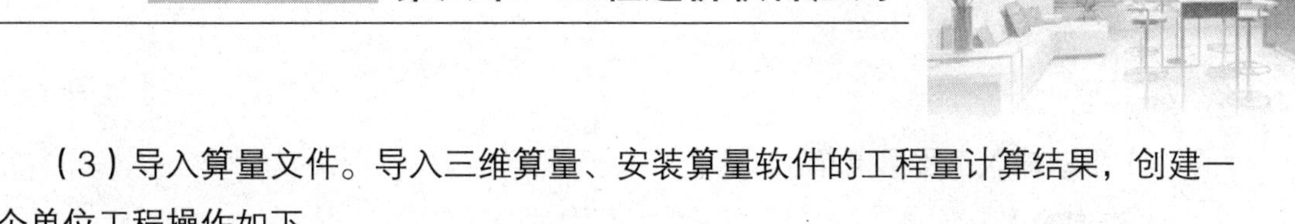

（3）导入算量文件。导入三维算量、安装算量软件的工程量计算结果，创建一个单位工程操作如下：

步骤一：点击工具栏的“新建”按钮，弹出新建向导操作界面。

步骤二：在上一步操作界面下选中“导入算量文件”后，单击“确定”按钮，弹出导入算量文件操作界面。

步骤三：在上一步操作界面，选择算量文件，设置费率设置项，单击“确定”按钮执行导入操作，完成了单位工程的创建，并导入了三维算量软件的工程量计算结果，包括工程量清单和组价定额。

2. 工程信息

打开单位工程，切换至“基本属性”操作界面，设置信息价文件和费率。

（1）信息价文件。《建设工程工程量清单计价规范》（GB 50500—2013）规定，使用本规范编制招标控制价时，工、料、机必须依据工程造价管理机构发布的工程造价信息；工程造价信息没有发布的参照市场价，因此在编制此实例预算前须选择相关信息价。

提示信息：信息价文件，不同地区做法有所不同，例如某地区使用信息价区间，通常做法是指定从某年某期到某年某期；还有的省信息价文件为基价库，按地区每两个月发布一期，根据拟建工程施工工期安排，可指定一期或多期信息价，按加权平均计算工、料、机信息价。

（2）费率设置。在工程属性界面点击“费率设置”节点，进入费率设置操作界面。

设置费率相关参数，如工程地点、计税施工地点、费率执行时间、专业类别，软件自动根据设定费率相关参数，取默认费率。

（3）单价分析模板。点击“费率变量”界面的“编辑单价分析表”进入单价分析模板编辑操作界面。

提示信息：在分部分项页面，为清单或定额子目选择单价分析表，可实现分专业取费。

3. 分部分项

（1）编制工程量清单。工程量清单可以通过查询清单库手工输入，或导入 Excel 工程量清单，下面逐一介绍。

1）手动输入工程量清单

①查询输入。

②输入清单编码。

2）导入 Excel 工程量清单。将 Excel 格式文件的工程量清单，导入分部项中。在主菜单“工具”中，选择“导入 Excel 工程量清单”菜单，进入导入 Excel 工程量清单操作界面，主要操作如下：

步骤一：单击 Excel 格式文件编辑框后的“…”按钮，在打开文件对话框中选择工程量清单 Excel 格式文件，在工作表下拉列表中选择 Excel 工作表。

步骤二：单击表格的列标头选择当前列对应的字段，带“★”的字段必须配置对应的列。

步骤三：从表格中选择需要导入的数据，系统提供以下几种选项：

①从当前行开始导入。将从当前选择的记录开始到表格结束的所有数据导入分部分项。

②导入所有数据。将当前工作表的所有数据导入分部分项。

③导入选择数据。将选中的所有数据导入分部分项。

步骤四：选择子目类型。如果 Excel 表格中有“分部”“备注”等记录，则需在“导入 Excel 工程量清单”窗口的“子目类型”列下拉选择相应的子目类型，清单、定额子目不需选择，系统可自动识别。

步骤五：如果数据错误或数据和字段类型不匹配，单击“导入”按钮后，系统将不匹配的记录用颜色标识，也可在表格中直接修改数据。

3）调整显示顺序。系统提供以下方式调整分部分项数据的显示顺序：

①按录入顺序显示。自动隐藏册、章、节等数据，分部分项数据按录入的先后顺序显示和输出报表。

②按章节顺序显示。用户可选择添加册、章、节等数据，分部分项数据按册、章、节层次结构排序显示和输出报表。

4）项目特征。根据《建设工程工程量清单计价规范》（GB 50500—2013）规定，分部分项工程量清单应包括项目编码、项目名称、项目特征、计量单位和工程量。

点击当前清单如“010302001 实心砖墙”在工、料、机构成界面单击“项目特征”按钮，在特征描述中选择相关特征或补充相关特征描述，点击界面右边的“应用当前清单”将项目特征生成至下方中间对话框，同时该项目特征也会显示在图 6—2—4 中。

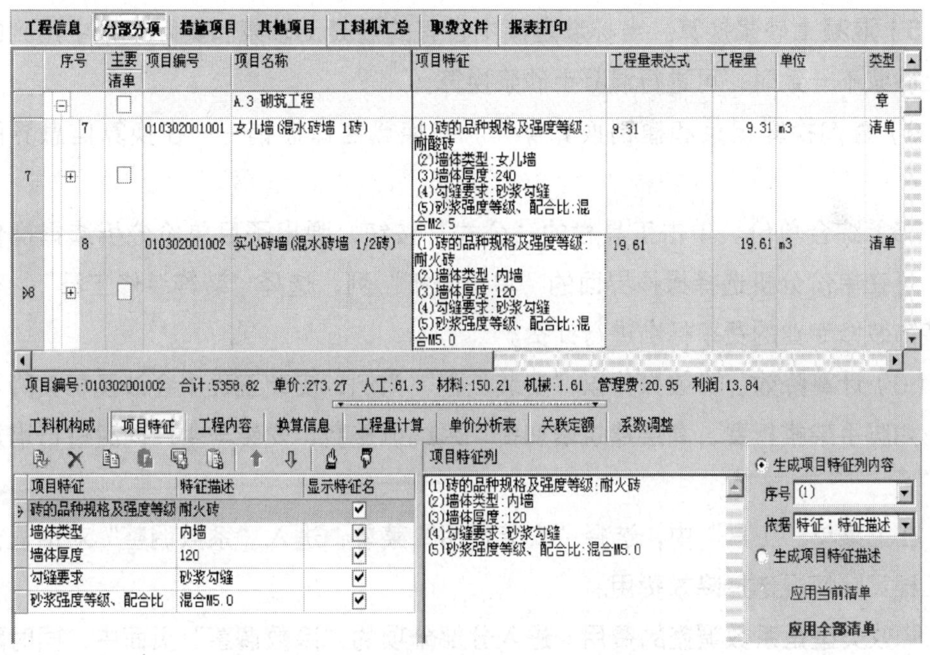

图 6—2—4　分部分项下面项目特征列

（2）清单组价。通常情况下清单套定额组价一般有三种方式：定额编码录入法、查询定额库、查询清单指引。

（3）输入定额子目工程量。直接在工程量表达式栏中编辑，使用“查询使用公式系统”编辑。

（4）定额换算。定额换算通常有系数换算、智能换算、组合换算、主材换算、混凝土砂浆换算等。

1）系数换算。工程的实际情况如施工环境恶劣、施工工艺复杂等情况可以考虑用系数换算。

2）智能换算。智能换算是指根据定额书中的总说明或工程量计算规则中规定的各类换算条件，系统自动进行相应的工、料、机、系数等换算。

3）组合换算。组合换算是有关厚度、距离、高度等需要将一条基数定额与一条以上的增减定额组合使用的换算。

4）主材换算。当标准定额中含有的主材和实际工程中用到的主材不一致时，可进行主材换算。

5）混凝土砂浆换算。当标准定额中含有的混凝土砂浆和实际工程中用到的混凝土砂浆不一致时，可进行混凝土砂浆换算。

6）查询换算记录和撤销换算操作。在换算窗口撤销——在换算信息界面撤销。

（5）综合单价。单击工具栏的“公式”按钮，弹出子目单价分析选择操作界面，可在单价分析选择操作界面的“单价分析”列，选择“装饰装修工程”，实现按装饰装修专业的费率标准进行计费。

（6）计算降效。降效操作以“安装工程”为例，安装工程中会涉及相关降效费用，如脚手架搭拆费、高层建筑增加费、系统调整费、安装与生产同时进行增加费等。

在主菜单“工具”中，选择“安装费用”菜单，进入“系数调整”对话框，根据工程实际情况选择降效费用。

降效类型是系数调整的费用，进入分部分项的“系数调整”页面中，同时降效所增加的费用进入本子目的综合单价中。

降效类型为“措施项目（如脚手架等）”的费用时，系统将自动在措施项目页面添加相应降效定额，并根据降效定额所属分册计算降效定额子目的单价。

4. 措施项目清单

根据《建设工程工程量清单计价规范》（GB 50500—2013）的相关规定，措施项目清单计价应根据拟建工程的施工组织设计，可以计算工程量的措施项目，应按分部分项工程量清单的方式采用综合单价计价；其余的措施项目以“项”为单位的，应包括规费、税金外的全部费用。

（1）技术措施（按定额规定计取）。技术措施项目清单可以根据上述分部分项工程量清单的录入方法和组价方式，进行技术措施清单项目的录入和组价操作。

（2）其他措施。其他措施项目通常是一项费用，由费用乘以相应费率自动计算得出。

5. 其他费用

其他项目包含如图 6—2—5 所示费用，除“材料暂估价”外，其他金额可以根据工程实际情况直接录入金额。

文件(F) 编辑(E) 视图(V) 其它项目(Q) 工具(T) 数据维护(S) 造价工具(Y) 窗口(W) 帮助(H)

新建 打开 主页 保存 选项 计算 插入 添加 子项 撤销 删除 复制 粘帖 公式 上移 下移 升级 降级 信息 字符 折叠 展开

工程属性 分部分项 措施项目 其他项目 工料机汇总 取费文件 报表打印

项目编号	项目名称	类型	计算表达式	工程量	单价	费率(%)	费用代号	合计	单位
1	暂列金额	费用				100	Z1	20000	项
1.1	工程量清单中工程量偏差和设计变更	费用	10000			100	F_265	10000	元
1.2	政策性调整和材料价格风险	费用	10000			100	F_268	10000	元
2	暂估价	费用				100	Z2	20000	项
2.1	材料暂估价	费用	VZ_CLZGJ			100	Z21	226.46	项
2.2	专业工程暂估价	费用				100	Z22	20000	项
2.2.1	入户防盗门安装	费用	20000			100	F_264	20000	元
3	总承包服务费	费用				100	T1	50851.55	项
3.1	发包人发包专业工程	费用	1000000			5	F_267	50000	元
3.2	发包人供应材料	费用	85155			1	F_266	851.55	元
4	计日工	计日工				100	T2	8000	项
4.1	人工费	费用				100	T21	8000	项
	技工（综合）	工料机	80	80	100			8000	
4.2	材料费	费用				100	T22	0	项
4.3	机械费	费用				100	T23	0	项
5	其它	费用				100	T3	0	项

图 6—2—5 其他费用

根据《建设工程工程量清单计价规范》（GB 50500—2013）相关规定，暂列金额应根据工程特点，按有关计价规定估算；暂估价中的材料单价应根据工程造价信息或参照市场价格估算；暂估价中的专业工程金额应分不同专业，按有关计价规定估算；计日工应根据工程特点和有关计价依据计算；总承包服务费应根据招标文件列出的内容和要求估算。

6. 工、料、机汇总

主要内容包括设置材料信息价、设置暂估价材料、设置甲供材料和设备、设置甲方指定评标材料。

7. 取费文件

在取费文件界面可修改计费程序的费率，编辑费用计算表达式，添加、删除费用项，以及建立多个专业取费文件等操作。

8. 报表打印

切换至报表打印页面，该页面提供报表打印、设计、输出 Excel，以及封面编辑、打印功能等。

9. 生成接口文件

（1）导出商务标招标接口文件。上述操作完之后重新回到建设项目界面，单击“导出”按钮，弹出“导出建设工程商务标招投标格式”操作界面，选择目标文件保存路径和文件名，选择文件类型为“招标文件”，单击“确定”按钮，导出商务标招标接口文件。

（2）导出商务标标底控制价接口文件。

三、投标报价

投标报价和招标控制价操作基本一致，本章仅介绍差异部分。

1. 新建项目

投标报价建设项目，可以通过导入商务标招标接口文件创建。

2. 分部分项

（1）编制工程量清单。投标报价时，工程量清单应遵循“五统一”原则，即投标单位不能修改增删清单项目，而且必须保证清单编码、清单名称、工程量、计量单位、项目特征和招标文件一致。

（2）清单组价。根据国标清单在招标投标活动中“控制量、竞争价”的原则，企业可自主报价，即投标报价活动时，企业可使用社会定额、企业定额，甚至可根据经验自主报价。

（3）综合单价。根据国标清单在招标投标活动中“控制量、竞争价”的原则，投标报价活动时，企业管理费、利润可作为竞争性费用，可通过修改单价分析表费

率实现。

3. 措施项目清单

根据《中华人民共和国招标投标法》要求，安全文明施工增加费不列入可竞争性费用，在投标报价时，应根据招标文件填写或按标准费率计算。

4. 其他项目清单

（1）暂列金额。招标人根据工程建设实际情况，参照费率标准进行估算；投标人应按招标人列出的金额填写。

（2）专业工程暂估价。招标人根据工程建设实际情况，参考工程技术经济指标或已完工工程经验数据等编制；投标人应按招标人列出的金额填写；结算时应按中标价或发包人、总承包人与专业工程承包人最终确认的价款计算。

5. 工、料、机汇总

（1）设置暂估价材料。在招标控制价、投标价编制时，材料设备暂估价应按招标人在其他项目清单列出的单价计入综合单价。

在竣工结算编制时，材料设备暂估价应按发包、承包双方最终确认的价格调整价差，价差部分不计算利润。

（2）设置甲供材料、设备。

（3）设置甲方指定评标材料。

6. 造价调整

根据国标清单在招标投标活动中“控制量、竞争价”的原则，在投标报价活动中可以通过以下几种方式，快速调整工程造价。

（1）批量调整工、料、机信息价。

（2）按比例调整分部分项清单、措施清单综合单价。

快速调价原理是，按比例调整定额子目消耗量，即同步调整了清单子目单价分析中的工、料、机用量，工、料、机汇总工程量。

7. 生成投标接口文件

一般情况投标报价接口文件格式和招标控制价接口文件一致，操作也相同。最后报表样例如图 6—2—6 所示。

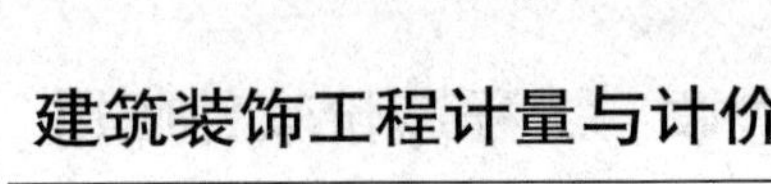

分部分项工程量清单与计价表

单位工程名称：例子工程—建筑工程　　　　标段：

序号	项目编码	项目名称	项目特征描述	计量单位	工程量	金额（元）		
						综合单价	合价	其中：暂估价
			分部工程					
			A.1　土（石）方工程				15 909.67	
1	010101001001	平整场地	1. 土壤类别：三类土 2. 弃土运距：100 m 3. 取土距离：20 km	m^2	343.78	2.43	835.39	
2	010101003001	挖基础土方	1. 土壤类别：三类土 2. 基础类型：独立 3. 垫层底宽、底面积：3 m^2 4. 挖土深度：2 m 内 5. 弃土运距：100 m	m^3	6.00	45.13	270.78	
3	010101003002	挖基础土方	1. 土壤类别：三类 2. 基础类型：独立 3. 垫层底宽、底面积：3 m^2 4. 挖土深度：2 m 内 5. 弃土运距：100 m	m^3	293.67	35.49	10 422.35	
4	010101003003	挖基础土方	1. 土壤类别：三类土 2. 基础类型：独立基础 3. 垫层底宽、底面积：3 m^2 4. 挖土深度：2 m 内 5. 弃土运距：100 m	m^3	56.32	38.04	2 142.41	
…	…	…	…	…	…	…	…	…
			B.2　墙、柱面工程				1 265.44	
2	011203001001	零星项目一般抹灰	1. 墙体类型：内墙 2. 面层厚度、砂浆配合比：一般抹灰抹石灰砂浆　零星项目	m^2	33.77	37.47	1 265.44	
			分部小计				3 822.82	
			合　计				588 317.32	226.57

图 6—2—6　报表样例

思考与练习

一、填空题

1. 通常情况下清单套定额组价一般有以下：____________、____________、____________三种方法。

2. 定额换算通常有____________换算、____________换算、____________换算、____________换算、____________换算等。

3. 工、料、机汇总主要内容包括设置____________、设置____________、设置____________、设置____________。

二、简答题

1. 编制分部分项工程项目清单报价时应遵循什么原则?

2. 编制其他项目清单时，暂列金额应如何填写?

附　表

附表一　　2011 年 ×× 省建筑工程价目表（楼地面工程）

序号	定额编号	项目名称	单位	基价	人工费	材料费	机械费
		一、找平层					
1	9-1-1	水泥砂浆找平层在混凝土或硬基层上 20 mm	10 m^2	96.92	41.34	52.41	3.17
4	9-1-4	细石混凝土找平层 40 mm	10 m^2	159.02	54.59	104.11	0.32
5	9-1-5	细石混凝土找平层每增减 5 mm	10 m^2	19.96	7.42	12.49	0.05
		二、楼地面整体面层					
9	9-1-9	水泥砂浆楼地面 20 mm	10 m^2	128.55	54.59	70.79	3.17
16	9-1-16	水磨石楼地面 15 mm 分格调色	10 m^2	542.05	318.53	196.05	27.47
22	9-1-22	水磨石——白水泥色石子浆每增减 5 mm	10 m^2	45.87	9.01	36.02	0.84
28	9-1-28	楼地面嵌分隔条——水磨石铜嵌条	10 m	123.15	3.71	119.3	0.14
		三、楼地面块料面层					
		（一）大理石					
36	9-1-36	楼地面砂浆粘贴不分色	10 m^2	1 874.22	127.20	1 734.32	12.7
		（二）花岗岩					
51	9-1-51	楼地面花岗岩面层——砂浆粘贴不分色	10 m^2	2 215.98	129.32	2 072.08	14.58

续表

序号	定额编号	项目名称	单位	基价	人工费	材料费	机械费
57	9–1–57	楼梯花岗岩面层——砂浆粘贴	10 m^2	3 322.73	334.43	2 945.20	43.1
		（三）预制水磨石块					
76	9–1–76	踢脚板　砂浆粘贴	10 m^2	813.01	244.33	554.1	14.58
		（十一）全瓷地板砖					
114	9–1–114	楼地面　周长（以内）2 400 mm	10 m^2	737.32	184.97	542.2	10.15

附表二　　2011 年 ×× 省建筑工程价目表（墙、柱面工程）

序号	定额编号	项目名称	单位	基价	人工费	材料费	机械费
		一、墙、柱面抹灰					
		（一）墙、柱面一般抹灰					
1	9–2–1	墙面、墙裙石灰砂浆两遍（厚度）16 mm——砖墙	10 m^2	103.79	68.37	32.25	3.17
5	9–2–5	墙面、墙裙石灰砂浆三遍（厚度）18 mm——砖墙	10 m^2	123.31	83.21	36.46	3.64
20	9–2–20	墙面、墙裙水泥砂浆（厚度）14 mm+6 mm——砖墙	10 m^2	136.63	76.85	56.14	3.64
30	9–2–30	水泥砂浆（厚度）12 mm+7 mm——混凝土柱多边形、圆形	10 m^2	222.17	156.35	62.37	3.45
54	9–2–54	抹灰层每增减 1 mm 水泥砂浆 1∶3	10 m^2	5.12	2.12	2.81	0.19
		（二）墙、柱面装饰抹灰					
74	9–2–74	水刷白石子（厚度）12mm+10 mm 墙面——砖、混凝土	10 m^2	313.36	200.87	108.57	3.92

续表

序号	定额编号	项目名称	单位	基价	人工费	材料费	机械费
110	9-2-110	分格嵌缝——分格	10 m^2	30.74	30.74	0	0
112	9-2-112	增减一遍素水泥浆——无108胶	10 m^2	11.76	6.36	5.4	
		二、镶贴块料面层					
		（二）花岗岩					
130	9-2-130	挂贴花岗岩（灌缝砂浆50 mm厚）砖柱面	10 m^2	2 969.13	487.60	2 435.63	45.9
		（七）陶瓷锦砖					
161	9-2-161	陶瓷锦砖——水泥砂浆粘贴方柱（梁）面	10 m^2	912.99	285.67	624.62	2.7
62	9-2-162	陶瓷锦砖——水泥砂浆粘贴零星项目	10 m^2	1 073.07	408.63	661.64	2.8
		（十）面砖					
216	9-2-216	瓷质外墙砖194 mm×94 mm——水泥砂浆粘贴灰缝（以内）5 mm	10 m^2	1 146.24	232.67	903.72	9.85
		（十一）其他项目					
228	9-2-228	块料面层酸洗打蜡——墙面、墙裙	10 m^2	55.88	48.76	7.12	
229	9-2-229	块料面层酸洗打蜡——柱（梁）面	10 m^2	79.19	69.96	9.23	
		三、墙、柱饰面					
		（一）墙、柱面龙骨					
249	9-2-249	成品木龙骨安装——断面13 m^2以内平均中距40 cm以内	10 m^2	170.6	38.16	129.19	3.25
259	9-2-259	墙、柱面轻钢龙骨	10 m^2	563.64	46.11	510.29	7.24

续表

序号	定额编号	项目名称	单位	基价	人工费	材料费	机械费
		（二）墙、柱饰面					
267	9-2-267	墙、柱饰面基层板——木龙骨上中密度板	10 m^2	304.55	30.74	273.81	
269	9-2-269	墙、柱饰面基层板——轻钢龙骨上石膏板	10 m^2	309.88	59.89	249.99	
281	9-2-281	粘贴装饰木夹板面层不拼花	10 m^2	620.77	95.40	511.71	13.66
286	9-2-286	镜面玻璃砂浆面上粘贴——柱（梁）面	10 m^2	1 758.75	157.94	1 595.03	5.78
305	9-2-305	墙、柱面软包——丝绒墙面	10 m^2	1 219.62	204.05	1 001.91	13.66

附表三　2011 年 ×× 省建筑工程价目表（顶棚工程）

序号	定额编号	项目名称	单位	基价	人工费	材料费	机械费
		一、顶棚抹灰					
1	9-3-1	混凝土面顶棚石灰砂浆——现浇	10 m^2	125.55	73.67	49.18	2.7
5	9-3-5	混凝土面顶棚抹灰——混合砂浆	10 m^2	84.75	61.48	21.5	1.77
		二、顶棚龙骨					
		（二）轻钢龙骨					
25	9-3-25	不上人型装配式 U 形轻钢顶棚龙骨网格尺寸 300 mm × 300 mm 一级	10 m^2	992	112.89	867.74	11.37
27	9-3-27	不上人型装配式 U 形轻钢顶棚龙骨网格尺寸 450 mm × 450 mm 一级	10 m^2	864.24	87.45	765.42	11.37
		三、顶棚饰面					
		（一）基层					
81	9-3-81	顶棚龙骨上铺钉基层板中密度板轻钢龙骨上	10 m^2	342.39	57.77	284.62	0

续表

序号	定额编号	项目名称	单位	基价	人工费	材料费	机械费
82	9-3-82	顶棚龙骨上铺钉基层板细木工板木龙骨上	10 m^2	437.99	50.35	387.54	0.10
85	9-3-85	顶棚龙骨上铺钉基层板九夹板轻钢龙骨上	10 m^2	419.25	57.77	361.48	0
		（三）饰面板					
92	9-3-92	顶棚木夹板面层装饰夹板不拼花	10 m^2	641.2	80.03	561.07	0.1
93	9-3-93	顶棚木夹板面层装饰夹板拼花	10 m^2	724.6	95.93	628.57	0.1
		（四）金属面层					
110	9-3-110	顶棚金属面层铝塑板贴在基层板上	10 m^2	3 091.77	87.45	3 004.32	
111	9-3-111	顶棚金属面层铝塑板贴在龙骨上	10 m^2	3 033.08	81.62	2 951.46	

附表四　　2011 年 ×× 省建筑工程价目表（门窗工程）

序号	定额编号	项目名称	单位	基价	人工费	材料费	机械费
1	5-1-1	单扇带亮带纱木门框制作	10 m^2	625.42	46.64	571.36	7.42
2	5-1-2	单扇带亮带纱木门框安装	10 m^2	154.76	77.91	76.68	0.17
11	5-1-11	双扇带亮木门框制作	10 m^2	323.01	32.33	285.72	4.96
12	5-1-12	双扇带亮木门框安装	10 m^2	104.68	55.65	48.92	0.11
19	5-1-19	双扇带亮自由门木门框制作	10 m^2	432.52	33.39	394.19	4.94
20	5-1-20	双扇带亮自由门木门框安装	10 m^2	97.3	50.35	46.81	0.14

续表

序号	定额编号	项目名称	单位	基价	人工费	材料费	机械费
31	5-1-31	连窗木门框制作	10 m^2	410.4	85.33	317.19	7.88
32	5-1-32	连窗木门框安装	10 m^2	73.79	44.52	29.13	0.14
33	5-1-33	单扇带亮木门扇制作	10 m^2	821.05	130.38	669.68	20.99
34	5-1-34	单扇带亮木门扇安装	10 m^2	60.92	42.84	18.08	
51	5-1-51	双扇带亮半截玻璃木门扇制作	10 m^2	822.42	103.35	702.17	16.9
52	5-1-52	双扇带亮半截玻璃木门扇安装	10 m^2	155.71	82.15	73.56	
97	5-1-97	单扇门连窗门窗扇制作	10 m^2	662.65	89.04	557.74	15.87
98	5-1-98	单扇门连窗门窗扇安装	10 m^2	210.47	86.92	123.55	
103	5-1-103	纱门扇制作（扇面积）	10 m^2	492.27	108.65	369.82	13.8
104	5-1-104	纱门扇安装（扇面积）	10 m^2	129.67	113.95	15.72	
105	5-1-105	纱亮扇制作（扇面积）	10 m^2	553.53	106.53	427.61	19.39
106	5-1-106	纱亮扇安装（扇面积）	10 m^2	213.52	197.69	15.83	
110	5-1-110	普通门锁安装	10 把	940.87	41.87	899	
210	5-3-59	半圆形玻璃窗 $D<2$ m 窗框制作	10 m^2	1 632.01	759.49	872.52	0
211	5-3-60	半圆形玻璃窗 $D<2$ m 窗框安装	10 m^2	259.73	137.27	122.46	0

续表

序号	定额编号	项目名称	单位	基价	人工费	材料费	机械费
212	5-3-61	半圆形玻璃窗 $D<2$ m 窗扇制作	10 m²	1 299.29	817.26	482.03	0
213	5-3-62	半圆形玻璃窗 $D<2$ m 窗扇安装	10 m²	265.18	80.56	184.62	0
270	5-5-9	铝合金卷闸门安装	10 m²	3 036.15	352.98	2 669.68	13.49
280	5-5-19	铝合金双扇带上带侧亮地弹门制安	10 m²	2 880.91	522.58	2 354.16	4.17
290	5-5-29	铝合金双扇带上亮推拉窗制安	10 m²	3 123.94	514.63	2 605.26	4.05
297	5-5-36	铝合金纱窗扇制安（扇面积）	10 m²	943.87	212.53	731.34	0
323	5-9-1	单扇带亮木门配件	10 樘	358.76		358.76	0
324	5-9-2	双扇带亮木门配件	10 樘	664.85		664.85	0
333	5-9-11	单扇门连窗配件	10 樘	566.1	0	566.1	0
336	5-9-14	纱门配件	10 扇	78	0	78	0
337	5-9-15	纱亮配件	10 扇	105.39	0	105.39	0
341	5-9-19	推拉木板大门有小门配件	10 樘	3 572.57	0	3 572.57	0
368	5-9-46	双扇铝合金地弹门配件	10 樘	3 960.8	0	3 960.8	0
371	5-9-49	双扇铝合金推拉窗配件	10 樘	224	0	224	0

附表五　　2011 年 ×× 省建筑工程价目表（油漆、涂料及裱糊）

序号	定额编号	项目名称	单位	基价	人工费	材料费	机械费
		一、木材面油漆					
		（一）调和漆、磁漆					
1	9-4-1	木材面底油一遍、调和漆两遍——单层木门	10 m²	183.52	93.81	89.71	

续表

序号	定额编号	项目名称	单位	基价	人工费	材料费	机械费
2	9-4-2	木材面底油一遍、调和漆两遍——单层木窗	10 m^2	168.6	93.81	74.79	
4	9-4-4	木材面底油一遍、调和漆两遍——木扶手（不带托板）	10 m	31.96	23.32	8.64	
21	9-4-21	木材调和漆刷面每增加一遍——单层木门	10 m^2	57.19	18.02	39.17	
		（二）聚酯清漆					
43	9-4-43	聚酯亚光清漆底油一遍、聚酯亚光清漆两遍墙面墙裙	10 m^2	235.87	125.61	110.26	
48	9-4-48	聚酯亚光漆每增加一遍墙面墙裙	10 m^2	43.3	21.73	21.57	
		（四）硝基清漆					
93	9-4-93	硝基清漆润油粉、漆片、硝基清漆五遍、磨退出亮——墙面墙裙	10 m^2	405.47	244.33	161.14	
98	9-4-98	硝基清漆每增加一遍——墙面墙裙	10 m^2	31.58	13.25	18.33	
		（六）防火涂料					
111	9-4-111	木材面刷防火涂料两遍——木板面	10 m^2	166.49	38.69	127.8	
		三、抹灰面油漆、涂料					
		（六）抹灰面涂料					
151	9-4-151	室内抹灰面刷乳胶漆两遍——顶棚	10 m^2	73.61	20.14	53.47	
152	9-4-152	室内抹灰面刷乳胶漆两遍——墙柱面光面	10 m^2	67.8	16.96	50.84	

续表

序号	定额编号	项目名称	单位	基价	人工费	材料费	机械费
157	9-4-157	室内抹灰面刷乳胶漆两遍——每增一遍顶棚	10 m^2	38.04	11.13	26.91	
158	9-4-158	室内抹灰面刷乳胶漆两遍——每增一遍墙柱面光面	10 m^2	35.1	9.54	25.56	
164	9-4-164	抹灰面刷涂料面层——仿瓷涂料两遍	10 m^2	82.9	30.74	52.16	
186	9-4-186	地面涂料——过氯乙烯涂料	10 m^2	200.71	88.51	112.2	
		四、裱糊及其他					
		(一)壁纸					
197	9-4-197	墙面贴装饰墙纸——对花墙纸	10 m^2	291.56	81.09	210.47	
		(二)基层处理					
209	9-4-209	顶棚、内墙抹灰面满刮腻子两遍	10 m^2	31.69	23.32	8.37	

附表六　　2011 年 ×× 省建筑工程价目表(配套装饰项目)

序号	定额编号	项目名称	单位	基价	人工费	材料费	机械费
		一、零星木装饰					
		(一)门窗套及贴脸					
6	9-5-6	门窗套及贴脸——基层细木工板木龙骨	10 m^2	736.87	116.07	620.8	
10	9-5-10	门窗套及贴脸——粘贴面层装饰板	10 m^2	603.9	76.85	511.94	15.11
		(三)暖气罩					

续表

序号	定额编号	项目名称	单位	基价	人工费	材料费	机械费
27	9-5-27	暖气罩基层板胶合板	10 m^2	1 306.56	175.96	1 115.5	15.11
32	9-5-32	暖气罩贴面层装饰板	10 m^2	626.4	76.85	534.44	15.11
35	9-5-35	暖气罩散热口安装机制花格式	10 m^2	699.5	37.10	662.4	
		（四）窗帘盒、帘轨、窗帘					
37	9-5-37	明式窗帘盒——细木工板	10 m	206.03	42.40	163.63	
47	9-5-47	帘轨、窗杆——金属双轨	10 m	402.04	33.39	368.65	
49	9-5-49	窗帘布窗帘	10 m	1 343.71	3.71	1 340	
		五、橱柜					
		（一）木橱、壁橱、吊橱（柜）骨架制安					
155	9-5-155	木橱、壁橱、吊橱（柜）骨架制安——正立面投影面积 1 m^2 以内	10 m^2	1 338.49	915.84	422.65	
		（二）骨架围板及隔板制安					
159	9-5-159	木橱柜骨架围板及隔板制安——胶合板	10 m^2	585.98	62.01	508.86	15.11
163	9-5-163	木橱柜骨架围板及隔板制安——细木工板	10 m^2	436.28	54.06	382.22	
		（三）橱柜基层板上贴面层					
164	9-5-164	橱柜贴装饰板	10 m^2	611.85	84.80	511.94	15.11
		（五）玻璃柜					
174	9-5-174	玻璃柜——玻璃门扇	10 m^2	241.24	25.97	215.27	
178	9-5-178	玻璃柜五金安装——滑轨	10m	71.52	23.85	47.67	

续表

序号	定额编号	项目名称	单位	基价	人工费	材料费	机械费
		七、其他					
		（二）美术字					
232	9-5-232	泡沫塑料、有机玻璃字 1.0 m^2 以内其他面	10 个	4 378.37	353.51	4 021.2	3.65
		（三）招牌、灯箱					
253	9-5-253	招牌、灯箱龙骨——钢结构一般（正立面投影面积）	10 m^2	1 041.39	308.99	646.11	86.29
259	9-5-259	招牌、灯箱钢龙骨上安装九夹板	10 m^2	419.54	66.25	353.29	
263	9-5-263	招牌、灯箱面层——塑铝板	10 m^2	3 094.89	91.16	3 003.7	

附表七　2011 年 ×× 省建筑工程价目表（脚手架工程）

序号	定额编号	项目名称	单位	基价	人工费	材料费	机械费
		一、满堂脚手架					
27	10-1-27	满堂脚手架——钢管架基本层	10 m^2	105.2	50.88	49.76	4.58
28	10-1-28	满堂脚手架——钢管架增加层 1.2 m	10 m^2	22.2	19.08	2.2	0.92

附表八　2011 年 ×× 省建筑工程价目表（垂直运输机械及超高增加）

序号	定额编号	项目名称	单位	计费价格调增率	
				人工	机械
		（二）建筑物内装修			
63	10-2-63	内装修 7~10 层 人工增加 10%	%	10.00	

续表

序号	定额编号	项目名称	单位	基价	人工费	材料费	机械费
		三、建筑分部工程垂直运输机械					
		（二）建筑物内装修工程垂直运输机械					
104	10-2-104	建筑物内装修垂直运输 8 层内	10 m^2	84.65			84.65
105	10-2-105	建筑物内装修垂直运输 12 层内	10 m^2	71.69			71.69
107	10-2-107	建筑物内装修垂直运输 24 层内	10 m^2	96.00			96